AF567669

natürlich oekom!

Mit diesem Buch halten Sie ein echtes Stück Nachhaltigkeit in den Händen. Durch Ihren Kauf unterstützen Sie eine Produktion mit hohen ökologischen Ansprüchen:

- mineralölfreie Druckfarben
- Verzicht auf Plastikfolie
- Kompensation aller CO_2-Emissionen
- kurze Transportwege – in Deutschland gedruckt

Weitere Informationen unter www.natürlich-oekom.de und #natürlichoekom

Bibliografische Information der Deutschen Nationalbibliothek

Die Deutsche Nationalbibliothek verzeichnet diese Publikation in der Deutschen Nationalbibliografie; detaillierte bibliografische Daten sind im Internet über www.dnb.de abrufbar.

oekom – Gesellschaft für ökologische Kommunikation mbH
Waltherstraße 29, 80337 München

Lektorat: Uta Ruge
Umschlaggestaltung: Büro Jorge Schmidt, München
Umschlagabbildung: Rita Mühlbauer
Korrektorat: Maike Specht
Satz: Christin Müller, Typografie und Produktion, Leipzig

Druck: Friedrich Pustet GmbH & Co. KG, Regensburg

ISBN 978-3-96238-343-5

EWALD WEBER

Wo die wilden Pflanzen wohnen

Geschichten über Kratzdistel, Besenginster & Co.

Mit Illustrationen von
Rita Mühlbauer

EINJÄHRIGE

MEHRJÄHRIGE

STRÄUCHER

BÄUME

KLETTERPFLANZEN

Vorwort

Warum in die Ferne schweifen, wenn die heimische Natur mit so vielen aufregenden Pflanzen und Tieren aufwartet? Unsere Natur ist reichhaltig und vielfältig, gerade was die Pflanzen anbelangt. Als mitteleuropäisches Land mit einem Küstenstreifen und einem Gebirge besitzt Deutschland eine abwechslungsreiche Flora mit über 3.000 verschiedenen wild wachsenden Pflanzenarten. Sie besiedeln die unterschiedlichsten Lebensräume, von Hochmooren bis zu Trockenrasen, von Laubwäldern bis zu Küstendünen. Viele von ihnen sind nur selten anzutreffen, andere wiederum stehen beinahe an jeder Ecke und sind uns geläufig, wie Mohn oder Fichte. Aber kennen wir diese Pflanzen wirklich? Namen und Aussehen sind schließlich nicht alles. Erst die Naturgeschichte macht sie spannend, und jede Art hat dabei ihre eigene Geschichte zu erzählen: wie sie lebt und sich vermehrt, welche Beziehungen zu Tieren sie pflegt und welche Bedeutung sie für uns hat. Gerade die häufigen »Allerweltspflanzen« verraten viel über die Herkunft unserer Wildpflanzen und ihrem Zusammenleben mit den anderen Bewohnern eines Lebensraumes. Im Gegensatz zu seltenen Arten begegnen sie uns auf Schritt und Tritt, und wir können sie das ganze Jahr über erleben.

In diesem Buch ist von häufigen Wildpflanzen die Rede, von Blumen, Sträuchern und Bäumen, die im ganzen Land vorkommen und denen man auf Wanderungen und Streifzügen begegnet. Zu jeder Art hat die Münchener Künstlerin Rita Mühlbauer ein stimmungsvolles Bild angefertigt, das die Pflanze in ihrer natürlichen Umgebung zeigt. Ich hoffe, mit diesem Buch Begeisterung und Interesse für die wilden Pflanzen in unserem Land zu wecken. Und auch zu zeigen, dass wir diese Schatzkammer der Natur bewahren und pflegen müssen. Zu viele Arten sind vom Aussterben bedroht, zu viele Lebensräume bereits unwiderruflich zerstört. Um die Natur wirklich wertschätzen zu können, muss man sich mit ihr beschäftigen – durch Aufsuchen der Lebensräume und durch genaues Beobachten ihrer Bewohner. Pflanzen eignen sich bestens dazu, denn man kann sich ihnen nähern, sie anfassen, an ihnen riechen und ihnen zuhören.

Potsdam, September 2021
Ewald Weber

Ein paar Worte zu Pflanzen

Was würden wir ohne Pflanzen machen? Wir könnten gar nicht leben. Pflanzen sind Teil unseres Lebens, nicht nur in Form von Nahrung. Ohne Pflanzen müssten wir auf viele Medikamente verzichten, wir hätten weder Holz noch Baumwolle, und unsere Gärten wären ohne bunte Blumen langweilig. Mehr noch, Pflanzen sind das Fundament der gesamten belebten Natur, denn nur sie und die Algen vermögen organische Biomasse aufzubauen, ohne andere Organismen verdauen zu müssen. Aus Wasser, Kohlendioxid und den Nährsalzen des Bodens produzieren sie Zucker, Stärke, Zellulose, Vitamine und vieles mehr. Und Sauerstoff, den Mensch und Tier zum Atmen brauchen.

Pflanzen sind nicht nur überlebenswichtig, sie sind auch spannend – vor allem die wild wachsenden Pflanzen draußen in der Natur, von denen viele mit ganz besonderen Überraschungen aufwarten. Die hier von mir behandelten Pflanzen gehören alle zu den Samenpflanzen. Damit ist die große Gruppe jener Pflanzen gemeint, die Blüten bilden und sich durch Samen vermehren und ausbreiten. Die anderen wie Bärlappe, Farne, Moose und Schachtelhalme bilden weder Blüten noch Samen, sondern vermehren sich durch staubfeine Sporen – wie auch die Pilze. Die Samenpflanzen wiederum bestehen aus zwei unterschiedlichen Gruppen, den Nacktsamern und den Bedecktsamern. Erstere umfassen alle Nadelhölzer, Letztere all die Pflanzen, die wir umgangssprachlich als Blütenpflanzen bezeichnen. Bei den Bedecktsamern sind die Samenanlagen im Gewebe eines Fruchtknotens untergebracht, sie sind bedeckt. Im Gegensatz dazu liegen sie bei den Nadelhölzern auf schuppenförmigen Fruchtblättern, die in einem Zapfen untergebracht sind. Die meisten der wild wachsenden Pflanzen zählen zu den Bedecktsamern, und bei ihnen finden wir die uns so vertrauten farbigen Blüten.

Die Organe einer Samenpflanze sind rasch aufgezählt: Wurzel, Sprossachse, Blätter und Blüten sowie die Früchte. Die Varianten in Gestalt und Größe dieser Organe sind schier unermesslich. Die Sprossachse ist die tragende Konstruktion einer Samenpflanze und erreicht bei Bäumen Dutzende von Metern Höhe, bei niedrig wachsenden Polsterpflanzen hingegen nur wenige Zentimeter. Bei den nicht verholzten Pflanzen entspricht die Sprossachse den Stängeln, bei den Gehölzen dem Stamm sowie den Ästen und Zweigen. Aufgrund ihrer Gestalt lassen sich Pflanzen verschiedenen Lebens- und Wuchsformen zuordnen, die auch Grundlage der Gliederung des vorliegenden Buches sind.

Die Blüte

Die Blüten der Blütenpflanzen dienen der geschlechtlichen Fortpflanzung, und ihre Funktionsweise ist mitunter ziemlich komplex. Das Prinzip ist aber immer dasselbe: In den Staubblättern wird der Blütenstaub oder Pollen gebildet; er entspricht den männlichen Geschlechtszellen. Die weiblichen Eizellen befinden sich in den Samenanlagen des Fruchtknotens. Dieser trägt eine sogenannte Narbe, auf dem Pollenkörner kleben bleiben.

Oft gibt es einen langen Stiel zwischen dem eigentlichen Fruchtknoten und der Narbe, der als Griffel bezeichnet wird. Ein Pollenkorn keimt auf der Narbe aus und bildet einen dünnen Pollenschlauch, der sich seinen Weg durch den Griffel und den Fruchtknoten zu einer Samenanlage bahnt. Dann geschieht die eigentliche Befruchtung, die Verschmelzung von Eizelle mit dem Inhalt des Pollenschlauches. Aus der befruchteten Eizelle und dem Fruchtknoten entstehen schließlich die Samenkörner. Auch die Nadelhölzer bilden Blütenstaub und Eizellen, und die Pollenkörner befruchten diese in ganz ähnlicher Weise.

Die Übertragung des Pollens von einer Blüte auf die Narbe einer anderen Blüte derselben Art ist der Vorgang der Bestäubung. Pflanzen nutzen entweder Wind oder Insekten, auf anderen Kontinenten auch Vögel, Fledermäuse oder kleine Säugetiere. Blüten, die von Tieren bestäubt werden, sind meist farbig und auffallend, sie machen die enorme Vielfalt der Samenpflanzen aus.

Aus den Blüten werden die Früchte, die genauso vielfältig gestaltet sind wie Blüten oder Blätter. In der Botanik ist eine Frucht »die Blüte im Zustand der Samenreife«, unabhängig von der Größe, ob sie Fruchtfleisch hat oder verholzt ist. Ein Getreidekorn ist daher genauso eine Frucht wie ein Apfel oder eine Erdbeere. Die Früchte beherbergen die Samen und lösen sich meist von der Mutterpflanze.

Pflanzen und Tiere

Wo wilde Pflanzen wohnen, ist immer viel los, denn sie sind auf innige Art und Weise mit Tieren verbunden. Bei vielen Beziehungen zwischen Pflanzen und Tieren beobachten wir Abhängigkeiten. Bei der Bestäubung etwa bevorzugen manche Insekten ganz bestimmte Pflanzenarten, sie sind wählerisch und dadurch auf das Vorhandensein ihrer Blumen angewiesen. Eine solche Spezialisierung kennt man auch von pflanzenfressenden Insekten, seien dies die Raupen von Schmetterlingen, Blattläuse oder Käfer. So manche Insektenart braucht zum Leben ganz bestimmte Pflanzenarten. Fehlen diese, kann das Insekt nicht bestehen.

Ich werde in den folgenden Porträts des Öfteren auf solche intimen Beziehungen zu sprechen kommen. Sie sind nicht nur faszinierend, sie zeugen auch von der Vernetzung der Natur, von einer gegenseitigen Abhängigkeit und von der unabdingbaren großen Vielfalt an Pflanzenarten als Grundlage für viele Insektenarten. In dieser Zeit des Insektensterbens und Artenschwundes gilt es, sich die Bündnisse zwischen den ganz unterschiedlichen Arten bewusst zu machen und sie aufrechtzuerhalten.

Pflanzen sind nicht nur für Insekten wichtig, auch für viele Vögel und Säugetiere sind sie eine unersetzbare Nahrungsgrundlage und bieten ihnen Lebensraum. Und bei den Beziehungen zwischen Vögeln und Pflanzen haben sich ebenfalls gegenseitige Anpassungen herausgebildet. Beispiele sind die Beerenfrüchte als natürliches Vogelfutter oder der kräftige Schnabel eines Kernbeißers, um Steinobst und harte Baumsamen zu knacken.

Die Namen der Pflanzen

Jede Art, die jemals wissenschaftlich beschrieben wurde, erhielt einen lateinisch klingenden wissenschaftlichen Namen. Auch eine neu entdeckte Art bekommt einen wissenschaftlichen Namen, und die Namensgebung folgt strengen Regeln. So besteht ein wissenschaftlicher Name aus zwei Worten, wie in *Fagus sylvatica*, die Rot-Buche. *Fagus* ist die Gattung, und *sylvatica* bezeichnet die Art, denn es gibt innerhalb der Gattung *Fagus* noch weitere Arten. Im Deutschen wäre *Fagus* die Gattung Buche und Rot-Buche dann die Art.

Jeder wissenschaftliche Name verrät etwas über den Verwandtschaftsgrad einer Art, indem die Gattungszugehörigkeit gleich mitgeliefert wird. In der Systematik werden ähnliche Gattungen zu Familien zusammengefasst, ähnliche Familien zu Ordnungen. So lässt sich Ordnung in die schier unübersehbare Artenvielfalt der Natur bringen. Art, Gattung und Familie sind die drei wichtigsten Kategorien dieses Systems und werden in Bestimmungsbüchern auch immer angegeben.

EINJÄHRIGE

Einjährige Pflanzen sind die Kurzlebigen unserer Wildpflanzen. Sie treten für ein paar Monate in Erscheinung und vollziehen ihren gesamten Lebenszyklus in dieser kurzen Zeit, von der Keimung des Samens bis zum Blühen und dem Ansetzen neuer Früchte. Danach ist Schluss. Nach der Samenreife tritt der Tod ein, daran führt kein Weg vorbei. Sämtliches Gewebe vertrocknet und geht ein, von der Wurzel bis zur Spitze der Stängel. Im Gegensatz zu Stauden und Gehölzen hat eine Einjährige keine Knospen, die überwintern und im nächsten Jahr wieder austreiben.

Blaue Flocken im Feld

Kornblume
(Cyanus segetum)

Im Juni zeigen sich Hunderte enzianblauer Sterne am Rande von Getreidefeldern und zwischen den Halmen der Getreidepflanzen. Bei mir in Brandenburg kommt die Kornblume häufig vor, wenn auch nicht in jedem Feld und nicht jedes Jahr in gleichem Ausmaß. Meist gesellt sich Mohn zur Kornblume, und beide gehören zu den auffälligsten Begleitpflanzen in Äckern. Eine Kornblume erreicht etwa einen Meter Höhe, blüht von Juni bis Oktober und ist von stattlichem Wuchs. Ihre Stängel und die schmalen Blätter tragen einen spärlichen Besatz von feinen Haaren. Der Stängel ist im oberen Bereich verzweigt, und jeder Ast trägt am Ende einen der blauen Sterne. Für eine einjährige Pflanze bildet die Kornblume ein ziemlich dichtes Wurzelwerk, das bis zu sechzig Zentimeter tief in den Boden reichen kann.

Blüten in Kronleuchtern

Was wir bei der Kornblume vielleicht als Blüte bezeichnen – der blaue Stern am Ende des Stängels –, ist in Wirklichkeit eine Ansammlung vieler kleiner Blüten, die auf einer gemeinsamen Basis sitzen. Der Stängel bildet einen Blütenboden, er formt gleichsam ein Körbchen, das die einzelnen Blüten vereint. Dies ist das Markenzeichen der Korbblütengewächse, zu denen die Kornblume zählt. Die Familie ist die zweitgrößte der Welt, was ihre Artenzahl anbelangt. Die artenreichste Familie ist mit 26.000 Arten die der Orchideengewächse, aber die der Korbblütengewächse steht ihr mit 25.000 Arten nur wenig nach. Wir werden auf den folgenden Seiten noch manch weiteren Vertreter dieser Familie kennenlernen.

Die Ansammlung vieler Blüten auf einem Körbchen wirkt auf Insekten wie eine große Einzelblüte, das Ganze ist eine Einheit. Bei der Kornblume lassen sich leicht zweierlei Blüten erkennen, es gibt eine Aufgabenteilung in ihren Funktionen. Auffallend sind die großen Trichter am Rande, von denen jeder mehrere Zipfel hat und die wie richtige Blüten aussehen. Doch ist das nur Bluff, diese randständigen Blüten sind steril, enthalten also weder Staubgefäße noch Fruchtknoten. Sie dienen lediglich dem Anlocken von Insekten, sie sind das Aushängeschild des Blütenstandes. Zwischen ihnen stehen die echten Blüten, die viel kleiner und nur mit einer Lupe deutlich zu erkennen sind. Sie bilden Blütenstaub und Samen, sind also funktionell voll entwickelt. Jedes Blütenkörbchen der Kornblume enthält 25 bis 35 der echten Blüten.

Einen solchen Aufbau kennt man sonst von den Flockenblumen *(Centaurea)*, zu denen früher die Kornblume zählte; sie hieß vor nicht allzu langer Zeit noch *Centaurea cyanus*. Doch neuere Untersuchungen über die Verwandtschaftsverhältnisse machten eine Abspaltung der Kornblume sinnvoll.

Den Insekten sind der anatomische Aufbau und die systematischen Details freilich egal. Hauptsache, es gibt etwas zu holen, und Kornblumen sind überaus attraktiv. Hummeln, Bienen, Schwebfliegen, Wespen und Tagfalter suchen sie gerne auf und bedienen sich am Nektar sowie dem Pollen.

Ein Kulturpflanzenbegleiter

Außerhalb von Getreidefeldern wächst kaum eine Kornblume von selbst, abgesehen von Wegrändern und Brachland zwischen den Feldern. Sie wird aber inzwischen vermehrt angesät, doch darauf komme ich weiter unten zurück.

Die Kornblume ist ein typischer Kulturpflanzenbegleiter. Die Pflanze ist bei uns streng genommen nicht einheimisch, sie existiert in Mitteleuropa nur dank des Menschen und gilt als Alteinwanderer oder Archäophyt: Pflanzenarten, die schon vor langer Zeit unbeabsichtigt durch den Menschen verschleppt wurden. Die ursprüngliche Heimat der Kornblume dürfte das östliche Mittelmeergebiet sein. Hier wächst sie an Orten fern jeglicher menschlicher Siedlungen und Getreidefelder, nämlich an Felshängen und in trockenen Steppenrasen. Das dürften die natürlichen Wuchsorte der Kornblume sein, an denen sie schon lange vor Beginn des Getreideanbaus existierte.

Die Kornblume folgte dem Menschen seit der jüngeren Steinzeit, als er mit dem Ackerbau begann, Felder pflügte und Getreide aussäte. Vom Mittelmeergebiet kam sie schon früh nach Mitteleuropa, wahrscheinlich durch Saatgut verschleppt. Heute ist die Kornblume auf allen Kontinenten vorhanden.

Die strenge Assoziation zwischen Kornblume und Getreidefeld lässt darauf schließen, dass die Pflanze in den Äckern einen idealen Wuchsort gefunden hat. Auch im Raps trifft man die Kornblume an, allerdings längst nicht so häufig. Jedenfalls gibt

es aber zwischen den Kulturpflanzen genug Raum, in dem sich Ackerbegleitpflanzen wie die Kornblume entfalten können. Als einjährige Pflanze macht ihr der jährliche Umbruch des Ackers nichts aus. Bis das Feld gepflügt wird, sind ihre Samen längst verstreut und sorgen für die nächste Generation. Der hohe Wuchs kommt nicht von ungefähr, denn eine Kornblume muss ihre Blüten in der Höhe platzieren, an der Oberfläche der Pflanzendecke, damit Insekten die Blüten auch finden können.

Wertvolle Ackerbegleiter oder Unkraut?

Kornblume, Mohn und viele andere sind Vertreter der sogenannten Ackerbegleitflora, auch Segetalflora genannt. In Mitteleuropa zählen etwa 300 Pflanzenarten dazu. Früher waren Ackerbegleitpflanzen sicher viel häufiger als heute, doch während der letzten paar Jahrzehnte ging ihre Vielfalt drastisch zurück. Kornblume, Kornrade *(Agrostemma githago)*, Acker-Schwarzkümmel *(Nigella arvensis)*, Sommer-Adonis *(Adonis aestivalis)* und wie sie alle heißen, sie wurden immer seltener. Viele Arten sind sogar so selten geworden, dass sie heute auf der Roten Liste der bedrohten Pflanzenarten stehen, wie beispielsweise das Flammen-Adonisröschen *(Adonis flammea)*.

Die Gründe liegen in der Intensivierung der Landwirtschaft seit den 1950er-Jahren. Die Flurbereinigung führte zum Zusammenlegen vieler kleiner Parzellen zu großen Produktionsflächen, Hecken und andere den Fruchtanbau störende Strukturen wurden entfernt. Die Ertragssteigerung durch starken Düngereinsatz und Unkrautvernichtungsmittel ließ den Segetalarten keinen Raum mehr, die Landschaft verarmte. Auch die Saatgutreinigung hat zum Rückgang der Ackerbegleitpflanzen beigetragen. In großen Trommeln werden die Fremdsamen aus den Getreidesamen herausgesiebt. Das alles gab es in früheren Zeiten nicht, es war ganz normal, dass in einem Getreidefeld auch blühende Blumen wuchsen.

In den Augen eines Bauern sind Kornblume, Mohn und andere freilich nichts weiter als Unkräuter, die nicht ins Feld gehören. Sie stören das Wachstum der Kulturpflanzen und vermindern den Ertrag. Man nennt sie auch Beikräuter – das klingt wie der nutzlose Beifang in der Hochseefischerei. Aus Sicht des heutigen Naturschutzes sind Ackerbegleitpflanzen aber wertvoll, da sie für Insekten eine willkommene Nahrungsquelle in der Landwirtschaftszone darstellen. Die farbigen Blüten bieten Nektar oder Pollen, weil diese farbenprächtigen Unkräuter von Insekten bestäubt werden, im Gegensatz zum windbestäubten Getreide. Insekten wiederum bieten Vögeln Nahrung, darunter seltenen und bedrohten Arten wie der Feldlerche.

Es ist schon fast ironisch, dass Kornblumen und andere Arten einerseits auf der Roten Liste stehen, andererseits in Unkrautlisten aufgeführt werden und dass es Bekämpfungsempfehlungen für sie gibt. Die ambivalente Einstellung zu den Ackerbegleitpflanzen ist nicht neu, und für Bauern waren Kornblumen auch früher nur lästig. Der deutsche Dichter Julius Sturm (1816–1896) hat den Sachverhalt treffend in einem Gedicht beschrieben:

Der Bauer und sein Kind

Der Bauer steht vor seinem Feld
Und zieht die Stirne kraus in Falten:
»Ich hab' den Acker wohl bestellt,
Auf reine Aussaat streng gehalten;
Nun seh' mir eins das Unkraut an!
Das hat der böse Feind getan.«

Da kommt sein Knabe hochbeglückt,
Mit bunten Blüten reich beladen;
Im Felde hat er sie gepflückt,
Kornblumen sind es, Mohn und Raden;
Er jauchzt: »Sieh, Vater, nur die Pracht!
Die hat der liebe Gott gemacht.«

Renaissance der Unkräuter

Seit einigen Jahren sind Kornblume und weitere Vertreter der Segetalflora wieder auf dem Vormarsch. Entlang von Äckern werden von den Bauern breite Blühstreifen angelegt und auf ihnen Wildpflanzen angesät. Kommerzielle Saatgutmischungen sind erhältlich, und viele Bundesländer unterstützen Landwirte beim Anlegen von Blühflächen. Im Zuge der Bemühungen, wieder vermehrt Natur in die Agrarlandschaft hineinzubringen, sind das erfreuliche Entwicklungen. Die landwirtschaftlich genutzte Fläche macht in Deutschland schließlich 48 Prozent der Landesfläche aus, da bleibt nicht viel Raum für Natur. Die Förderung von Wildblumen ist auf jeden Fall sinnvoll und stellt einen wichtigen Beitrag dar, um die biologische Vielfalt in der

Agrarlandschaft zu erhöhen. Allerdings kommt es sehr darauf an, was angesät wird. Fremdländische Arten, wie sie in vielen Saatgutmischungen enthalten sind, nützen nicht viel – wichtig sind die einheimischen Ackerunkräuter. Sie sind gut für die Insekten, was wiederum gut für Vögel ist. Diese wirken als natürliche Schädlingsbekämpfer, was dem Bauern wieder zugutekommt – alles hängt zusammen. Breite Blühstreifen bieten auch gewissen Vögeln wie dem Rebhuhn Lebensraum. Die moderne Landwirtschaft steht vor der großen Herausforderung, einerseits die Nahrungsmittelproduktion zu sichern, andererseits möglichst nachhaltig und naturschonend zu produzieren – keine leichte Aufgabe! Zumal die Lebensmittel ja auf keinen Fall teurer werden sollen; da fehlt es noch an der Bereitschaft der Konsumenten und Konsumentinnen, für gute Produkte mehr Geld auszugeben. Klar ist, dass eine Vielfalt an Wildblumen unerlässlich ist.

Die Rote aus dem Süden

Klatsch-Mohn
(Papaver rhoeas)

Vor Jahren kam ich an einem Feld voller Mohn vorbei, wie ich es noch nie gesehen hatte. Ein einziger roter Blütenteppich mit Tausenden von Mohnblüten erstreckte sich zwischen der Straße und einem Wald. Am Rande mit Kornblumen durchmischt, stellte das Feld einen spektakulären Anblick dar. Leute hielten an und machten Fotos, Kinder pflückten Blumensträuße. Auch ich war überwältigt, blieb stehen und sah mir die Mohnpflanzen an.

Mohn kennt jeder, und die vielen volkstümlichen Namen wie Klappermohn, Feuerblume oder Feldrose zeugen von der Häufigkeit des Gewächses. Vom Klatsch-Mohn ist hier die Rede, auch wenn der nahe verwandte Saat-Mohn *(Papaver dubium)* zum Verwechseln ähnlich aussieht und ebenfalls in Äckern zu Hause ist. Die reifen Fruchtkapseln des Saat-Mohns sind allerdings länglich, fast keulenförmig, während sie beim Klatsch-Mohn breit und rundlich sind. Beide sind wie die Kornblume alteingesessene Arten, die während der Steinzeit als Kulturbegleiter ins übrige Europa kamen; ihre ursprüngliche Heimat ist das Mittelmeergebiet.

Auffälligstes Kennzeichen des Klatsch-Mohns sind die großen roten Blütenblätter. Jede Blüte hat vier davon, sie sind hauchdünn, zerknittern leicht und fallen bald ab. Stängel und Blütenknospen sind borstig behaart, die rötlichen Haare stehen ab wie bei einem Dreitagebart. Die Blütenknospen hängen kopfüber nach unten, sodass man meinen könnte, die Pflanze sei am Verwelken.

Mohn gehört zur Gattung *Papaver*, die weltweit etwas mehr als fünfzig Arten umfasst. Nicht alle Arten blühen rot, das Farbspektrum reicht von Weiß über Gelb bis zu Orangefarben und Rot und Rosarot wie beim Schlaf-Mohn *(Papaver somniferum)*. Letzterer ist eine berühmt-berüchtigte Pflanze, die zu Krieg und Drogenkriminalität geführt hat, da der getrocknete Milchsaft unreifer Samenkapseln das Rauschmittel Opium liefert. Aber wie so oft sind Gift- und Rauschpflanzen auch Heilpflanzen, und der Hauptbestandteil des Opiums – das Morphin – ist ein wichtiges Schmerzmittel.

Mit 825 Arten weltweit sind die Mohngewächse eine eher kleine Familie, die hauptsächlich in den beiden Amerikas und in Eurasien verbreitet ist. In Deutschland gehören nur etwa zwanzig einheimische Arten zu dieser Familie, darunter das Schöllkraut *(Chelidonium majus)* mit seinen gelben Blüten, verschiedene Arten an Lerchensporn *(Corydalis)* und Erdrauch *(Fumaria)*, deren Blüten ganz anders aussehen. Milchsaft führen auch unsere einheimischen Mohnarten und das Schöllkraut, bei dem er auffallend orangefarben ist.

Rote Blüten sind selten

Im Innern einer Blüte des Klatsch-Mohns zeichnet sich ein schwarzviolettes Kreuz ab, das gebildet wird, weil jedes Kronblatt unten einen breiten Pinselstrich dieser Farbe hat. Beim Hineinblicken erkenne ich unzählige Pollenkörner von olivgrüner Farbe, die aus den Staubsäcken gefallen sind und in der Blüte herumliegen. Auffallend ist der große und hellgrüne Fruchtknoten in der Mitte der Blüte, ein Fass mit etlichen dunklen Strichen auf dem Deckel. Um ihn herum steht ein dichter Kranz unzähliger Staubblätter, deren Stiele so violett sind wie das Kreuz der Kronblätter. Eingerahmt wird dies alles von den roten Kronblättern. Und jetzt nehme ich den Farbaufwand dieser Pflanze einmal zum Anlass, etwas über Blütenfarben zu erzählen.

Welche Farbtöne herrschen bei unseren Wildblumen vor? Das Spektrum der Blütenfarben mitteleuropäischer Wildpflanzen umfasst meist Gelb, Blau, Weiß, Violett und alle Schattierungen dazwischen. Ein reines Rot wie beim Klatsch-Mohn ist die Ausnahme in unserer Flora. Mir fallen nur ein paar wenige Pflanzenarten mit roten Blüten ein: das Sommer-Adonisröschen *(Adonis aestivalis)* und Flammen-Adonisröschen *(Adonis flammea)*, der Acker-Gauchheil *(Anagallis arvensis)* und der bereits erwähnte Saat-Mohn.

Warum ist das so? In anderen Gegenden wie Nordamerika warten unzählige Wildpflanzen mit roten Blüten auf. Als ich das erste Mal in Kalifornien unterwegs war, begegneten mir prächtig rot blühende Gewächse wie das Kalifornische Leimkraut *(Silene californica)* oder das Kalifornische Weidenröschen *(Epilobium canum)*. Im östlichen Nordamerika wächst die Kardinals-Lobelie *(Lobelia cardinalis)* an moorigen Stellen, die bei uns als Zier-

pflanze erhältlich ist. Alle die eben aufgezählten Arten fallen durch ihre scharlachroten Blüten auf.

Der Grund für die unterschiedlichen Häufigkeiten von Farben hat mit den Blütenbesuchern zu tun. Die roten Blüten in Amerika werden nicht von Insekten aufgesucht, sondern von Vögeln – Kolibris, die im Schwirrflug ihren spitzen Schnabel in die Blüten stecken, um den Nektar aufzulecken. Vögel haben eine Vorliebe für Rot, das zeigen bei uns die vielen roten Beeren an Gewächsen wie Vogelbeerbaum, Aronstab oder Maiglöckchen – sie alle bilden kleine rot gefärbte Kugeln, die für Vögel bereitgehalten werden. Die Samen in den Früchten passieren unbeschädigt den Darm der Tiere und werden so wirkungsvoll verbreitet.

Bei uns gibt es keine Kolibris. Unsere Wildblumen werden ausschließlich von Insekten bestäubt – Bienen, Schmetterlingen, Fliegen und Käfern, die sich von Pollen oder Nektar ernähren. Bleibt die Frage, warum bei uns dennoch ein paar wenige Wildblumen rote Blüten hervorbringen. Wir wissen es nicht! Außer Zweifel steht, dass eine Mohnblüte für Kolibris uninteressant wäre, denn sie bietet kein bisschen Nektar an.

Wer sucht den Mohn auf?

Mohnblüten sind ohne Nektar und auch ohne Duft. Nur Pollen wird reichlich produziert, eine einzelne Mohnblüte bildet etwa 2,5 Millionen Pollenkörner. Die blütenbesuchenden Insekten bedienen sich gerne am Pollen. Die leicht zugänglichen Blüten werden dabei von ganz unterschiedlichen Insekten aufgesucht: Fliegen, Käfer, Bienen und Schwebfliegen sind die wichtigsten Bestäuber. Nun ist ein Käfer aber etwas ganz anderes als eine Schwebfliege, so wie ein Zaunkönig etwas anderes als ein

Greifvogel ist. Die Blüten des Klatsch-Mohns sind nicht auf bestimmte Bestäuber spezialisiert, würden Biologen sagen, im Gegensatz zu anderen Arten.

Für Bienen und viele andere Insekten erscheinen die Mohnblüten sicher ganz anders als uns, denn sie können die Farbe Rot gar nicht wahrnehmen. Bienen sehen dafür UV-Licht, und das schwarzviolette Kreuz reflektiert diese Wellenlängen des Lichts. Für sie erscheint eine Mohnblüte wahrscheinlich dunkel mit einem auffallenden Fleck in der Mitte. In der Heimat des Mohns, dem Mittelmeerraum, leben aber bestimmte Käfer, die Rot wahrnehmen können und möglicherweise die ursprünglichen Bestäuber der Mohnblüten darstellen.

Eine Wildbiene ist scharf auf Mohn

Wildbienen warten in Deutschland mit einer unglaublichen Artenvielfalt auf. Rund 550 verschiedene Arten sind bekannt, von denen wir die wenigsten zu Gesicht bekommen. Meist sind sie viel kleiner als die Honigbiene, und sie leben solitär. Sie bilden also keinen Staat wie die Honigbiene oder Wespen, die sogenannten sozialen Insekten. Wildbienen bauen Niströhren oder nutzen Öffnungen, in denen die Weibchen die Eier ablegen und einen Vorrat an Pollen anlegen, damit die schlüpfende Larve auch etwas zu fressen hat.

Viele Arten unserer Wildbienen brauchen bestimmte Pflanzenarten zum Leben. Sie sind wählerisch, so wie die Witwenblumen-Sandbiene *(Andrena hattorfiana)*, die ausschließlich Pollen von Witwenblumen und Skabiosen sammelt. Sie hängt vollkommen von diesen Pflanzen ab und kommt also nur dort vor, wo es diese Pflanzen gibt.

Eine andere Art der Wildbienen Deutschlands ist besonders bemerkenswert. Die Mohn-Mauerbiene (*Hoplitis papaveris* oder *Osmia papaveris*) ist auf eine sehr besondere Art und Weise auf Mohn spezialisiert. Die kleine Biene ist braun und grau behaart und fällt kaum auf. Sie ist selten, und ich habe mir sagen lassen, sie sei sehr scheu. Für die Nachkommenschaft gräbt eine Mohn-Mauerbiene einen senkrechten Gang von etwa zwei Zentimeter Tiefe in den Boden. Sie erweitert ihn unten, sodass eine Kammer entsteht, in der Ei und Vorrat angelegt werden. Vorher aber sucht die kleine Biene blühenden Mohn auf und beißt runde Stücke aus den Kronblättern heraus. Diese trägt sie zusammengerafft zur Nisthöhle und kleidet damit die Wände der Kammer und des Ganges aus. Sie stellt dies so an, dass einzelne Zipfel der Kronblattstücke etwas überstehen und einen Kranz um die Öffnung der Nisthöhle bilden. Nun ist die edel ausgekleidete Nistkammer fertig. Nach Einbringen von Pollen als Proviant und nach der Eiablage verschließt die Mohn-Mauerbiene die Zelle, indem sie die überstehenden Zipfel nach innen faltet. Dann wird Sand über den Eingang gebracht, das Nest ist nun verschlossen und kaum wahrnehmbar.

Die Mohn-Mauerbiene ist sehr selten geworden und laut Roter Liste vom Aussterben bedroht. Wer in einem Mohnfeld Blüten mit gestutzten Kronblättern bemerkt, weiß, dass hier die Mohn-Mauerbiene lebt.

Streubüchsen als Früchte

Mohn gehört zu jenen Pflanzen, bei denen die Fruchtbildung nicht mit einer Totalumwandlung einhergeht wie bei anderen Pflanzen. Beim Ahorn etwa verwandelt sich die Blüte in eine komplett andere Struktur. Beim Mohn entspricht die Form des Fruchtknotens bereits der Form der Frucht. Er wird lediglich größer, verholzt, vertrocknet und wird braun. In seinem Innern reifen die nierenförmigen Samenkörner heran, bis zu 5.000 haben in einer der Kapselfrüchte Platz. Die reifen Kapseln sind mit einem Deckel verschlossen und gleichen einer Urne oder einer breiten Vase.

Die winzigen Samen müssen aber irgendwie ins Freie gelangen. Beim Mohn hat sich ein raffinierter Mechanismus entwickelt, indem sich der Deckel etwas vom oberen Rand des Behälters abhebt und Öffnungen entstehen. Durch diese kann der Wind fegen, die Kapselfrucht des Mohns wird zur Streubüchse. Wenn ich an einem vertrockneten Mohn rüttle, höre ich die Samen in den Kapseln rasseln. Bläst der Wind, wiegen sich die Stängel hin und her, die kleinen Mohnsamen werden hinausgeschleudert und fliegen bis zu vier Meter in die Umgebung. Es kann aber auch geschehen, dass Wildtiere beim Laufen durch ein Feld die Kapseln abbrechen und dabei die Samen verstreut werden.

Die Mohnkapseln sollen den österreichisch-ungarischen Botaniker und Naturphilosophen Raoul Heinrich Francé (1874–1943) zu einer Idee inspiriert haben; er meldete jedenfalls ein Patent eines Salzstreuers nach dem Vorbild der Mohnkapseln an. Aus der Natur lernen und technische Anwendungen nach deren Vorbild entwickeln, das ist die Bionik. Francé kann daher als Pionier dieses heute so wichtigen Forschungszweiges gelten.

Ein unscheinbares Veilchen

Acker-Stiefmütterchen
(Viola arvensis)

Wegen seiner kleinen und unauffälligen Blüten wird das Acker-Stiefmütterchen oft übersehen, obwohl die Pflanze überaus häufig ist. Sie wächst in Äckern, an Wegrändern, Schuttplätzen und sonstigen offenen und lichtreichen Stellen. Die zarten Stängel erreichen zwanzig bis vierzig Zentimeter Höhe, tragen schmale Blätter und scheinen sich an anderen Pflanzen festzuhalten oder abzustützen. Manchmal bleibt die Pflanze aber auch nur von niedrigem Wuchs. Vom Mai bis in den Oktober hinein zieren blassgelbe bis weißliche Blüten die Stängel, gelegentlich mit einem Hauch von Violett auf den oberen Kronblättern. In der Mitte fällt ein dunkelgelber Fleck auf, und violette Striche überziehen die unteren Kronblätter. Ein stumpfer Sporn auf der Rückseite enthält den Nektar.

Der wissenschaftliche Name verrät, dass die Pflanze zu den Veilchen zählt, und es wäre logischer, sie »Acker-Veilchen« zu nennen. Beim Wort »Stiefmütterchen« denken wir zuerst an die Gartenblumen, die in ganz unterschiedlichen Sorten angeboten und auf Balkonen, Gräbern und in öffentlichen Grünanlagen so gerne gepflanzt werden. In der Tat gingen die Garten-Stiefmütterchen aus wild wachsenden Veilchen hervor, botanisch gesehen, zählen sie zur selben Gattung *Viola*. Pflanzenzüchter hatten sie bereits im 19. Jh. durch Kreuzungen verschiedener Veilchen-Arten kreiert, unter anderem das großblütige Altai-Veilchen *(Viola altaica)* aus Russland.

Wilde Veilchen

Dies führt mich zur Veilchenvielfalt. Wer hätte gedacht, dass in Deutschland 27 einheimische Veilchen-Arten wild wachsend vorkommen? Die meisten von ihnen blühen blau bis hellviolett, wie das häufige Wald-Veilchen *(Viola reichenbachiana)*, das bereits im März seine Blüten öffnet und zu den ersten Farbtupfern auf dem noch kahlen Waldboden gehört. In den Bergen zu Hause sind das Gelbe Veilchen *(Viola biflora)*, das gerne in feuchtem Steinschutt wächst, und das Sporn-Stiefmütterchen *(Viola calcarata)*. Letzteres ist eines der schönsten heimischen Veilchen, dessen violette Blüten über drei Zentimeter groß werden. Man trifft die Pflanze in alpinen Matten und in Felsschutt an. Die meisten der einheimischen Veilchen sind mehrjährige Pflanzen, das einjährige Acker-Stiefmütterchen ist da eine Ausnahme.

Die Gattung *Viola* umfasst weltweit etwa 450 Arten, und Veilchen kommen fast auf dem gesamten Globus vor: Von Europa bis weit nach Asien, Nord- und Südamerika und auf abgelegenen Inseln erstreckt sich ihr Lebensraum. Dort haben sich in der Abgeschiedenheit eigene Arten entwickelt, die nur auf einer einzigen Insel wachsen. So hat wahrscheinlich bereits Alexander von Humboldt auf der Kanareninsel Teneriffa das Teide-Veilchen *(Viola cheiranthifolia)* bewundert, das ausschließlich in den Geröllfluren in der Gipfelregion des Pico del Teide und der Cañadas-Berge vorkommt. Wir wissen nicht, warum sich dieses Veilchen nur in der Höhe aufhält und nicht auf der ganzen Insel verbreitet ist.

Veilchen gehören zur Familie der Veilchengewächse. Die Familie ist mit etwa 980 Arten insgesamt im Vergleich zu anderen Familien nicht sehr artenreich. Die Hälfte der Arten fallen also auf die Veilchen; das Verblüffende ist aber, dass es in der Familie der Veilchengewächse auch Lianen, Sträucher und Bäume gibt. In Neuseeland etwa wächst der Mahoe-Stachelschweinstrauch *(Melicytus alpinus)*, ein sparriger Strauch mit kleinen Blättern und kleinen grünlichen Blüten, bei dessen Anblick niemand ein Veilchengewächs vermuten würde.

Eine Allerweltspflanze

Über das Acker-Stiefmütterchen gibt es gar nichts besonders Spannendes zu erzählen. Der Insektenbesuch ist eher spärlich, und die Blüten bestäuben sich meist selbst, was bei Ackerbegleitpflanzen nichts Ungewöhnliches ist. Was man dem Gewächs nicht zutrauen würde, ist die Wurfweite seiner Samen: Die kleinen Samen entstehen in Fruchtkapseln, die austrocknen und aufplatzen. Dabei fliegen die Samen über zwei Meter durch die Luft und werden in der Umgebung verstreut. Sie sind auf Ameisenausbreitung eingerichtet, denn jedes Samenkorn ist mit einem Futteranhängsel ausgestattet, dem sogenannten Elaiosom, auf das Ameisen ganz scharf sind. Sie schleppen das Kraftfutter samt Samenkorn in ihr Nest und helfen dadurch der Pflanze beim Ausbreiten ihrer Samen. Auch größere Tiere verschleppen die Samen, wenn sie in Feld und Flur umherstreifen.

Das Acker-Stiefmütterchen ist wie Kornblume und Mohn in der ganzen Welt verbreitet, eingeschleppt oder absichtlich eingeführt durch den Menschen. Nach Nordamerika brachten möglicherweise die ersten europäischen Siedler Pflanzen mit, denn das Acker-Stiefmütterchen ist auch eine Heilpflanze, und junge Pflanzenteile sowie die Blüten sind essbar. Heute gilt das Acker-Stiefmütterchen in vielen Kulturen als lästiges Unkraut, das schwer zu bekämpfen ist.

Ein kurzes Leben

Es lohnt sich, ein wenig auf die Einjährigkeit einzugehen, denn diese Lebensstrategie bringt für eine Pflanze ein paar Schwierigkeiten mit sich. Einjährige sind auf Gedeih und Verderb auf Samen angewiesen, um fortbestehen zu können. Das birgt Risiken. Was geschieht, wenn es dem Acker-Stiefmütterchen und allen anderen einjährigen Pflanzen nicht gelingt, im Laufe eines Jahres zu keimen, zu blühen und zu fruchten? Dann wird es keine neue Generation geben. Aber selbst wenn Samen vorhanden sind, warten Schwierigkeiten. Angenommen, im Frühjahr herrscht gutes Wetter zum Keimen und Wachsen, es ist mild und der Boden gut durchfeuchtet. Alle Samen des Vorjahres erwachen also und schieben ihre erste Wurzel in den Boden, entfalten bald ihre Keimblätter. Doch dann schlägt das Wetter um. Spätfrost und anschließend eine lange Trockenzeit – alles schon da gewesen – lassen den Keimlingen keine Chance, und sie gehen ein. Der ganze Aufwand umsonst.

Die Natur hat für solche Fälle vorgesorgt und einen raffinierten Mechanismus erfunden, um das Risiko eines Totalausfalls zu vermeiden.

Rückversicherung im Boden

Zunächst braucht es viele Samen. Sie sind die Lebensgrundlage einer Einjährigen, und es erstaunt nicht weiter, dass viele Einjährige einen besonders hohen Samenansatz aufweisen. Eine hohe Anzahl Samen gleicht den Verlust aus, den es immer wieder gibt, und erhöht die Chance auf Erfolg für die nächste Generation. So kann ein großes Exemplar des Acker-Stiefmütterchens zwischen 20.000 und 40.000 Samen während eines Sommers produzieren.

Die meisten Samen des Acker-Stiefmütterchens bleiben den Winter über im Boden, ohne zu erwachen. Erst im folgenden Frühjahr keimen sie; sollte das eine oder andere Samenkorn dennoch im Herbst keimen, überwintert die junge Blattrosette. Nicht alle Samen keimen aber, ein Teil verharrt im Boden und nutzt nicht die Gunst der Stunde, sondern wird für später aufbewahrt. Möglich, dass sie erst im nächsten Jahr keimen oder noch später. Viele Samen bleiben also für einen längeren Zeitraum keimfähig im Boden; man sagt, sie bilden eine Samenbank, einen Vorrat für den Notfall. So können schlechte Jahre mit ungünstigen Witterungsverhältnissen im Frühjahr ausgeglichen werden. Auch die Wirkung trockener Sommer, wenn etwa die meisten Pflanzen gar keine Samen bilden können, wird gemildert. Die Samenbank im Boden ist die Rückversicherung der Einjährigen. Gibt es im einen Jahr keine Bedingungen zum Keimen, dann ist das nächste vielleicht besser.

Je nach Pflanzenart bleiben die Samen ganz unterschiedlich lang keimfähig in der Erde. Und hier erweist sich das Acker-Stiefmütterchen als rekordverdächtig.

Langlebigkeit von Pflanzensamen

In den 1970er-Jahren hatten Archäologen in Dänemark zahlreiche Samen in Bodenschichten gefunden, die nachweislich 300 bis 400 Jahre alt waren, darunter auch Samen des Acker-Stiefmütterchens. Erstaunlicherweise keimten einige dieser Samen, nachdem sie in feuchte Erde und ans Licht gebracht wurden. Wahrlich, das Acker-Stiefmütterchen ist ein Überlebenskünstler! Die Kurzlebigkeit der Pflanze wird durch die Langlebigkeit der Samen wettgemacht.

Langlebige Samen gibt es aber auch bei Stauden und Gehölzen. Und bei den Bäumen kann ich die Dattel aus Israel nicht außer Acht lassen. Eine schier unglaubliche Geschichte, die in den Jahren 1963 bis 1965 ihren Anfang nahm. Damals waren Archäologen damit beschäftigt, den Palast von König Herodes auszugraben, die berühmte Masada am Toten Meer. Bei den Ausgrabungen entdeckten die Forscher etliche Samen der Dattelpalme *(Phoenix dactylifera)* im feinen Schutt. Die Samen blieben zunächst vierzig Jahre lang unbeachtet aufbewahrt. Ein Team israelischer Wissenschaftler interessierte sich 2005 für diese Dattelsamen und bestimmten mit modernen Methoden ihr Alter; sie kamen auf etwa 2.000 Jahre. Weil einige der Samen unbeschädigt aussahen, steckten die Forscher sie in Erde – und ein einziger schaffte es tatsächlich, zu keimen und zu einer jungen Dattelpalme heranzuwachsen. Heute steht diese Dattelpalme auf dem Gelände des Kibbuz Ketura, der Baum hat stattliche Blätter entwickelt und wird »Methuselah« genannt. Nicht nur Bäume können ein hohes Alter erreichen, manchmal sind es auch die Samen.

Die Pflanze aus dem Land der höchsten Berge

Drüsiges Springkraut
(Impatiens glandulifera)

Was für eine Erscheinung – dicke und feste Stängel, aber gleichzeitig glasig und beinahe durchscheinend. Die Pflanze wirkt wie aus Wachs gemacht. Im Schwarzwald fand ich am Rande eines Baches ein riesiges Exemplar des Drüsigen Springkrautes, über zwei Meter hoch, der Stängel am Grunde mindestens fünf Zentimeter dick. An der Erdoberfläche ging der Stängel in dicke Wurzelstränge über, es sah aus, als krallte er sich mit aller Kraft am Boden fest. Unglaublich, dass diese Pflanze einjährig ist und in kurzer Zeit so groß wird.

Das Drüsige Springkraut wächst an Waldrändern, an Bächen und Gräben, in Auenwäldern, überall dort, wo der Boden das ganze Jahr über feucht bleibt. Auffallend sind die roten Drüsen am Rand der Blätter. Die hellrosa bis purpur gefärbten Blüten sehen geradezu bizarr aus, und ihre komplizierte Gestalt erinnert an manche Orchideen. Sie baumeln an dünnen Stielen, gleichen waagrecht liegenden, in die Länge gezogenen Helmen, und die Öffnung wird von einer Unter- und Oberlippe flankiert. Am hinteren Ende sitzt ein kurzer Stummel, der den Nektar enthält.

Einer der Neubürger

Das Drüsige Springkraut ist die größte Einjährige unserer wild wachsenden Pflanzen. Mit ihr stelle ich einen der vielen Neubürger oder Neophyten unserer Flora vor, gebietsfremde und verwilderte Pflanzen, die aus anderen Teilen der Erde zu uns gebracht wurden. In Deutschland haben wir rund 400 nicht einheimische Pflanzenarten, die meist unbemerkt in der freien Natur zwischen einheimischen Gewächsen einen Platz gefunden haben. Manche aber fallen durch ihr massenhaftes Auftreten auf, so wie das Drüsige Springkraut.

Irgendwie will das Gewächs mit seinem exotischen Antlitz nicht so recht zu uns passen. Kein Wunder, denn die heimatlichen Gefilde des Drüsigen Springkrauts liegen im westlichen Himalaja. Die Art kommt in Indien vor und in Kaschmir, der Grenzregion zwischen Indien und Pakistan, und möglicherweise auch in Nepal. Das ist das natürliche Verbreitungsgebiet. Die Pflanze wächst dort in feuchten Nadelwäldern, auf Waldlichtungen und entlang von Bächen, in Höhen zwischen 1.600 und 4.300 Metern über dem Meeresspiegel.

Es lohnt sich, etwas bei den Springkräutern zu verweilen, denn die Gattung *Impatiens* ist mit etwa 1.000 Arten weltweit sehr vielfältig. Die meisten Arten wachsen in den tropischen und subtropischen Gebirgen Asiens, alleine China hat 227 wild wachsende Arten in seiner Flora. Im Himalaja gesellen sich Dutzende weiterer Arten an *Impatiens* zum Drüsigen Springkraut.

Eine Art des Springkrauts gilt in Mitteleuropa als einheimisch und ist bei uns an feuchten Waldrändern und in Auenwäldern anzutreffen: das Große Springkraut oder Rührmichnichtan *(Impatiens noli-tangere)*. Die Pflanze blüht gelb und ist von kleinem

Wuchs. Außer dem Drüsigen Springkraut sind bei uns zwei weitere Arten verwildert. Das Kleinblütige Springkraut *(Impatiens parviflora)* mit kleinen blassgelben Blüten ist in Wäldern stellenweise sehr häufig geworden. Die Pflanze stammt ebenfalls aus Asien. Das Orangefarbene Springkraut *(Impatiens capensis)* hingegen stammt aus dem östlichen Nordamerika und wird erst seit 1987 wild wachsend in Deutschland beobachtet. Zu guter Letzt muss ich noch das Fleißige Lieschen *(Impatiens walleriana)* erwähnen, eine beliebte Balkon- und Topfpflanze aus dieser Gattung. Sie ist in etlichen Sorten erhältlich, die sich in Blütenfarbe und Wuchshöhe unterscheiden.

Wie das Drüsige Springkraut zu uns kam

Der englische Botaniker und Arzt John Forbes Royle (1798–1858) war viele Jahre für die Britische Ostindien-Kompanie tätig, eine Kaufmannsgesellschaft für den Warenhandel mit Indien. Er interessierte sich für Botanik und Geologie und war Vorsteher des Botanischen Gartens in der nordindischen Stadt Saharanpur. Ihm selbst kam die Pflanze nicht unter die Augen, obwohl er von 1833 bis 1840 ein gewichtiges Werk über die Pflanzen des Himalaja verfasste.

Forbes kehrte nach England zurück, und erst dann erhielt er Samen des Drüsigen Springkrautes aus Indien zugeschickt. Sicher sah er gespannt zu, wie die unbekannten Pflanzen heranwuchsen, und bewunderte die merkwürdigen Blüten. 1834 veröffentlichte er die Erstbeschreibung dieser Art.

Von England aus gelangte die Pflanze bald in zahlreiche botanische Gärten Europas. Als Gartenpflanze war sie in Deutschland zunächst nur gelegentlich in Gebrauch. So berichtete die Zeitschrift »Gartenflora – Monatsschrift für deutsche und schweizerische Garten- und Blumenkunde« 1854 über die Pflanze: »So gross das Aufsehen war, welches diese Pflanzen seiner Zeit in unsern Gärten machten, so wenig haben sie die Liebhaber befriediget, selten siehet man sie angebaut, sondern nur hier und da verwildert. Lieben schattige geschützte Standorte und keimen am sichersten von dem fortgeschleuderten Samen im nächsten Frühling. An schattigen Orten grösserer Parkes, sind sie deshalb ganz geeignete Pflanzen zur Dekoration, in Blumengärten werden sie aber nirgends Glück machen.«

Schon früh säte sich das Drüsige Springkraut selbst aus und verwilderte. In England traten bereits 1855 erste wild wachsende Pflanzen auf, und in Deutschland zeigte sich die Pflanze um 1880 auf der Pfaueninsel bei Berlin-Wannsee schon massenhaft. In Skandinavien traten die ersten Verwilderungen später auf, 1947 in Finnland und um 1930 in Norwegen und Schweden.

In Windeseile über das Land

Manche gebietsfremde Pflanzen erreichen kurze Zeit nach ihrer Einführung ein großes Verbreitungsgebiet. Im Falle des Drüsigen Springkrautes beflügelten zwei Dinge die rasche Ausbreitung im Land. Zum einen förderte der Einfluss des Menschen auf Wälder und Landschaft das Aufkommen des Springkrauts. Schlagflächen in Wäldern, Flussbegradigungen und sonstige Störungen der natürlichen Vegetation bereiteten ideale Wuchsorte für das Springkraut, nämlich lichtreiche Stellen auf nährstoffreichen Böden. Der Ausbau des Straßen- und Schienennetzes führte zu Ausbreitungskorridoren, entlang derer sich viele der Neubürger ausbreiten konnten. Zum andern wurde die Pflanze

Ende des 19. und Anfang des 20. Jh.s häufiger in Gärten und auf Friedhöfen gepflanzt; auch Imker schätzten sie als Bienenweide und bauten sie an.

Das Drüsige Springkraut hat seit Mitte des 19. Jh.s ganz Europa besiedelt, von Italien bis Skandinavien, von den Britischen Inseln bis nach Russland. Auch in Nordamerika breitet es sich aus. In Deutschland kommt die Pflanze stellenweise massenhaft vor, in den Alpen steigt sie auf Höhen bis etwa tausend Meter über dem Meeresspiegel an. Die Ausbreitung ist sicher noch nicht abgeschlossen, denn es gibt noch jede Menge unbesetzter Plätze für die Pflanze.

Eine Problempflanze?

Neophyten werden nicht von allen gern gesehen, vor allem wenn sie große Flächen mit einer Monokultur überziehen. Dann gelten sie als invasive Pflanzen oder als Problempflanzen. Dies ist aus gutem Grund so, denn ein solcher Massenbestand ist ziemlich artenarm, so wie auch ein Feld voller Goldruten nicht vergleichbar ist mit einer artenreichen Buntbrache.

Nicht alle gebietsfremden Pflanzen wirken sich schädlich auf die Vegetation aus. Von den etwa 400 verwilderten Fremdpflanzen in Deutschland gelten laut Bundesamt für Naturschutz nur rund fünfzig Arten als invasiv, d. h., sie zeigen unerwünschte Auswirkungen auf die natürlichen Artengemeinschaften von Pflanzen und Tieren. Ob das Drüsige Springkraut auch dazugehört und auf einheimische Arten verdrängend wirkt?

Darüber gehen die Meinungen auseinander. Immerhin nutzen die Raupen des Mittleren Weinschwärmers *(Deilephila elpenor)* das Drüsige Springkraut gerne als Nahrungspflanze, der

Schmetterling ist aber nicht auf diese Pflanzenart angewiesen. Die Weibchen legen die Eier auch an Weidenröschen und anderen Arten ab. Ob vom Drüsigen Springkraut eine verdrängende Wirkung auf andere Pflanzenarten ausgeht, ist sicher eine Frage der Dosis: Ein paar Springkraut-Pflanzen schaden sicher nicht, wenn die Pflanze aber hektarweise den Boden zudeckt wie in manchen Gebieten Süddeutschlands, dann ist das sicher zu viel des Guten. Es fehlt jedoch an genauen Untersuchungen zu Auswirkungen des Drüsigen Springkrautes auf einheimische Pflanzen- und Tierarten. Oft wird argumentiert, dass auch einheimische Arten wie die Brennnessel zu Massenbeständen neigen. Nun ist aber gerade die Brennnessel für die Insektenwelt viel wertvoller als das Drüsige Springkraut. Ich werde die Brennnessel später noch genauer vorstellen.

Was springt bei dem Kraut?

Der Name »Springkraut« lässt vermuten, dass es in oder von ihr irgendeine Form einer schnellen Bewegung geben muss. Die Pflanze besitzt allerdings keine Fliegenfallen wie die Venusfliegenfalle, die zuklappen können. Nein, um das Springen zu erleben, heißt es zu warten, bis die Pflanze verblüht ist und die Fruchtkapseln heranreifen.

Es macht Spaß, die Kapseln zu berühren und zu sehen, wie sie mit einem leisen Knall aufplatzen und die Samen in alle Himmelsrichtungen stieben. Der Mechanismus gleicht einer angespannten Feder. Die Wände der Fruchtkapsel werden während des Heranreifens zunehmend unter Spannung gesetzt, gleichzeitig entstehen Nähte, die etwas dünner sind als das übrige Gewebe der Frucht. An diesen Nähten platzt die Frucht schließlich auf, wenn ein schwerer Regentropfen darauffällt oder ein Tier an den Pflanzen vorbeistreicht. Die Fruchtwände rollen sich blitzschnell ein und schleudern die Samen von sich. Dann prasselt es hörbar von schwarzen kleinen Samen. Der Schleudermechanismus ist zu erstaunlichen Leistungen fähig: Die weiteste Distanz, mit der ein Same weggeschleudert wurde, betrug bei einer Messung sieben Meter.

Solche Explosionsfrüchte sind bei den Pflanzen selten und bei ganz unterschiedlichen Gewächsen zu finden. Das einheimische Wiesen-Schaumkraut *(Cardamine pratensis)* bildet platzende Früchte, wegen der Kleinheit schaffen die Samen aber nur etwas über zwei Meter. Rekordhalter ist sicher die Spritzgurke *(Ecballium elaterium)* aus dem Mittelmeergebiet. Das Kürbisgewächs verfügt jedoch über einen ganz anderen Mechanismus. Die grünen Früchte haben die Gestalt einer Dattel und stehen unter einem hohen Druck, der sich während des Reifeprozesses aufbaut. Die kleinen Samen sind im weichen Gewebe im Innern der Frucht eingebettet. Dort, wo die Frucht am Stiel hängt, an der Ansatzstelle, bildet sich eine Sollbruchstelle. Hier wird sich der Fruchtstiel plötzlich von der Frucht trennen, und der Inhalt samt Samen spritzt heraus. Die Frucht selbst bewegt sich einer Rakete gleich nach vorn, kommt aber wegen ihres Gewichtes nicht sehr weit. Die Samen aber fliegen zehn bis zwölf Meter weit. So gesellt sich das Drüsige Springkraut zu den paar wenigen Pflanzenarten, die aktiv ihre Samen ausbreiten.

MEHRJÄHRIGE

Zu den Mehrjährigen zählen Pflanzen, die mehrere Jahre lang leben und jedes Jahr neu austreiben. Meist sind es Stauden. Für Gartenfreunde sind Stauden hochwachsende Pflanzen wie Dahlien. In der Botanik gilt eine Staude hingegen als eine ausdauernde krautige Pflanze, die alljährlich bis zum Grund abstirbt und während mehreren Jahren blüht. Krautig nennt man sie, weil die Pflanzenstängel nicht verholzen – im Gegensatz zu den Gehölzen. So manche Staude unserer Wildblumen ist von kleinem Wuchs, alle Stauden aber sind mehrjährig. Sie vermögen zu überwintern und im Frühjahr wieder neu auszutreiben. Dazu brauchen sie Überwinterungsorgane wie Zwiebeln, Knollen oder dicke Wurzeln.

Ein Sonderfall sind die sogenannten Zweijährigen, die im ersten Jahr eine Blattrosette bilden und im zweiten Jahr Blüten ansetzen. Nach der Samenreife gehen sie ein, fruchten also wie die Einjährigen nur einmal im Leben. Viele der »Zweijährigen« brauchen aber mehrere Jahre bis zur Blüte und sind daher streng genommen mehrjährige Pflanzen.

Das violette Schaf in der Mitte

Wilde Möhre

(Daucus carota)

Ganz in meiner Nähe liegt eine Wiese mit allerhand interessanten Gewächsen, darunter auch die Wilde Möhre. Die stattlichen Pflanzen sind zur Blütezeit zwischen Juni und September nicht zu übersehen. Die Stängel fühlen sich rau an, sie sind von abwärtsgerichteten Haken besetzt und zeigen dunkle Längsstreifen. An den Ansatzstellen der Blätter fallen lange Borsten auf. Die dunkelgrünen Blätter selbst sind fein zerteilt und erinnern an Petersilie. Die größten Pflanzen der Wilden Möhre auf dieser Wiese erreichen etwa einen Meter Höhe.

An den oberen Enden der Stängel bilden unzählige weiße Blüten einen Blütenstand, ein jeder für sich ein filigranes Kunstwerk. Dutzende von dünnen Stielen entspringen dem Stängelende, die äußeren sind länger als die inneren, eine klassische Dolde, die hier zur Schau gestellt wird. Am Ende eines jeden Stiels befindet sich aber noch nicht die Blüte, sondern wiederum eine kleine Dolde. Auf ihren Stielen schließlich sitzen die Blüten. Das ganze Gebilde – eine Doppeldolde – ist so konstruiert, dass alle Blüten in einer Ebene oder zumindest wie auf einer schwach gewölbten Linse zu liegen kommen. Unterhalb jeder Dolde befindet sich ein Kranz stark zerteilter und abwärtsgerichteter Hüllblätter.

Die Wilde Möhre gilt als zweijährige Pflanze, doch in ungünstigen Jahren kann es geschehen, dass die Pflanze ihre Blütezeit verpasst und erst im dritten oder gar im vierten Jahr zum Blühen kommt. Umgekehrt vermag bei guten Wachstumsbedingungen eine Rosette bereits im selben Jahr Stängel und Blüten sprießen zu lassen. In solch einem Fall benimmt sich die Wilde Möhre wie eine Einjährige.

Die Doldenträger

Die Familienzugehörigkeit ist klar: Die Wilde Möhre ist ein Doldengewächs. Diese Familie hat weltweit rund 3.500 Arten hervorgebracht, die hauptsächlich in den gemäßigten Zonen der Nord- und Südhalbkugel vorkommen. Besonders viele Arten wachsen in Europa und in Zentralasien. Auch in unserer Flora ist die Familie mit rund hundert verschiedenen Arten reichlich vertreten. Markante Gewächse sind etwa der Wiesen-Bärenklau *(Heracleum sphondylium)* oder der Gefleckte Schierling *(Conium maculatum)*. Die größten Dolden gehören in unserer Flora aber einem Gewächs, das ursprünglich aus dem Kaukasus stammt und bei uns in feuchten Wiesen und an Waldrändern verwildert angetroffen wird, dem Riesen-Bärenklau *(Heracleum mantegazzianum)*. Seine Dolden erreichen einen Durchmesser von einem halben Meter und setzen sich aus fünfzig bis hundert Strahlen zusammen.

Viele Arten der Doldengewächse sind für uns wichtig und aus der Küche nicht mehr wegzudenken. Dazu gehören Gemüse wie der Echte Sellerie *(Apium graveolens)* und Fenchel *(Foeniculum vulgare)*, von denen zahlreiche gezüchtete Sorten erhältlich sind. Auch viele Gewürzpflanzen sind Doldengewächse, wie Kümmel *(Carum carvi)*, Anis *(Pimpinella anisum)*, Dill *(Anethum graveolens)* und Petersilie *(Petroselinum crispum)*. Der Grund sind die ätherischen Öle, die in den Arten der Familie so reichhaltig vorhanden sind.

Der Fleck in der Mitte

Blühende Wilde Möhre wirkt auf viele Insekten anziehend. Auf den Dolden tummeln sich kleine Käfer, es müssen Schwefelkäfer sein, Schwebfliegen und Wildbienen landen und bedienen sich an Nektar und Pollen. Für zwei Arten von Sandbienen ist die Wilde Möhre sogar die wichtigste Pollenquelle.

Was an den Blütendolden sofort auffällt, sind die schwarzvioletten Blüten in der Mitte. Manchmal ist da nur eine einzige, oft stehen mehrere beisammen. Die Möhrenblüte – das violette Schaf inmitten der weißen Normalen. Was hat es damit auf sich? Erfüllen die dunklen Blüten eine bestimmte Funktion? Biologen fragen sich angesichts einer solchen Besonderheit immer, ob vielleicht eine Anpassung vorliegt, ob die Möhrenblüte das Ergebnis von natürlicher Auslese ist oder einfach nur Zufall.

Die Erforschung der Möhrenblüte ist ein amüsanter Teil botanischer Wissenschaftsgeschichte. Als Erster beschäftigte sich Charles Darwin (1809–1882) mit dem Thema. Der berühmte Naturforscher und Begründer der Evolutionslehre veröffentlichte im Jahr 1877 ein Buch mit dem Titel »Die verschiedenen Formen der Blüten auf Pflanzen derselben Art«. Darin äußert er die Vermutung, dass die Möhrenblüte aller Wahrscheinlich-

keit nach keine bestimmte Funktion erfülle. »Es kann nicht vermutet werden, dass diese kleine Blüte die große weiße Dolde für Insekten in irgendeiner Weise auffälliger macht«, schreibt Darwin.

Spätere Forscher hatten andere Ideen und formulierten die wildesten Theorien, die als Strategie der Pflanze entweder die Anlockung von Bestäubern ins Spiel brachten oder auch die Abschreckung von Schädlingen. Die Möhrenblüten würden einen penetrant üblen Geruch verströmen und so Aasfliegen anlocken, die für die Bestäubung der weißen Blüten sorgten, so die Meinung von Anton Hansgirg, Professor der Karls-Universität in Prag. Er veröffentlichte seine Theorie im Jahr 1893. Eine andere Vorstellung war, dass die dunkle Blüte ein stechendes Insekt vortäuscht und so beispielsweise Ziegen davon abhält, die Dolden zu fressen. Beides erwies sich als falsch, und um eine Ziege fernzuhalten, müsste wohl ein Spieß in der Mitte der Dolde angebracht sein. Die erste wissenschaftliche Untersuchung zum Thema stammt aus dem Jahr 1973. Erich Daumann, ebenfalls von der Karls-Universität, verglich die Insektenvielfalt auf Dolden mit und ohne Möhrenblüte – nicht alle Pflanzen besitzen den dunklen Fleck – und fand keinen Unterschied in der Häufigkeit der Besucher.

Liegt eine Täuschung vor?

Die Befunde von Daumann konnten auch zwei Wissenschaftler der Universität Bielefeld bestätigen, die ihre Untersuchungsergebnisse im Jahr 2013 veröffentlicht hatten. Sie nahmen mittels Videokameras alle Insekten auf, die auf Pflanzen mit und ohne Möhrenblüte landeten, es gab auch bei ihnen keine Unterschiede in den Häufigkeiten. Durch ihre Aufnahmen kamen die Forscher allerdings zu einer neuen Erklärung.

Dazu muss ich erst einmal die Möhrengallmücke *(Kiefferia pericarpiicola)* erwähnen, die ihre Eier in den Blütenstand der Wilden Möhre legt. An den heranwachsenden Früchten bilden sich etwa erbsengroße Pflanzengallen, in denen die Larven heranwachsen. Die zunächst grünlichen Gallen verfärben sich zu Purpurrot – dieselbe Farbe wie die Möhrenblüte! Gibt es da einen Zusammenhang?

Auch die Untersuchungspflanzen des Bielefelder Teams hatte die Möhrengallmücke befallen und auf einigen Pflanzen Gallen verursacht. Die Forscher fanden nun, dass Dolden mit Möhrenblüten viel weniger Gallen trugen als Dolden ohne Möhrenblüten. Daher schlagen die Biologen als Erklärung vor, dass die Möhrenblüte die Möhrengallmücke davon abhält, Eier abzulegen. Damit setzen sie aber voraus, dass eine Möhrengallmücke Dolden bevorzugt, die noch nicht besetzt sind, wo also kein anderer Nachbar schon Platz genommen hat. Diese Frage ist noch nicht geklärt, und man muss weitere Untersuchungen abwarten.

Die Idee der Abwehr von Pflanzenfressern ist aber keineswegs abwegig. Gewisse Passionsblumen *(Passiflora)* ahmen Schmetterlingseier durch gelbliche Auswüchse auf ihren Blättern nach, was Passionsblumenfalter davon abhält, ihre Eier auf solchen Blättern abzulegen. Die Weibchen suchen gezielt Blätter ohne Eier auf, schließlich sollen die eigenen Raupen das Blatt für sich haben können. Das Täuschen durch irreführende Signale ist als Mimikry bekannt und hat sich bei Pflanzen wie bei Tieren entwickelt. So gibt es Schwebfliegen, die wie Wespen aussehen und sich durch diese gelb-schwarze Zeichnung erfolgreich vor Fressfeinden schützen.

So birgt die Wilde Möhre, wegen der dunklen Blüten auch Mohrrübe genannt, bis heute ein Geheimnis, das es noch zu lüften gilt. Aber ob mit oder ohne Möhrenblüte – aus den weißen Blüten entwickeln sich stachelige Früchte, die leicht an Tieren und Kleidern hängen bleiben. Es sind klassische Klettfrüchte. Während der Fruchtreife und bei feuchtem Wetter bleiben die Strahlen der Dolde einwärtsgekrümmt. Das verleiht einem Fruchtstand das Aussehen eines Vogelnestes. Bei trockener Witterung jedoch spreizen sich die Doldenstiele auf und geben die Samen frei.

Die Rübe

Meine Betrachtungen zur Wilden Möhre wären unvollständig, würde man nicht auch einen Blick auf die Wurzel werfen. Ich grabe eine der Pflanzen aus, denn ich möchte die Pfahlwurzel in den Händen halten können. Ein fingerdickes Gebilde zeigt sich in der Erde, bleich, mit einem charakteristischen Geruch – eine Wurzelrübe im Jargon der Botaniker. Sie ist essbar und wurde bereits von den Menschen in der Steinzeit gesammelt.

Mit unseren Gemüsekarotten haben die Wurzelrüben der Wilden Möhre nicht viel gemein. Aber die Pflanze ist die Stammart der Karotten. Die heutige Gemüsepflanze, die Garten-Möhre, gilt als eine Unterart der Wilden Möhre *(Daucus carota* subsp. *sativa)*; sie ging wahrscheinlich aus Kreuzungen verschiedener Unterarten hervor, darunter welche aus Südeuropa und dem Orient. Pflanzen mit einer dicken orangefarbenen Wurzelrübe müssen schon früh bekannt gewesen sein. Eine Abbildung im »Wiener

Dioskurides« aus der Spätantike zeigt unverkennbar die Karotte und nicht die Wurzel unserer Wildpflanze. Das pharmakologische Werk enthält Beschreibungen zahlreicher Pflanzen, verfasst vom griechischen Arzt Pedanios Dioskurides, der im 1. Jh. in der Zeit des Kaisers Nero lebte.

Seit 1900 werden neue Karottensorten gezüchtet, und heute existieren alleine in Europa rund 300 verschiedene Sorten. In den USA hatten 1999 Pflanzenzüchter die Sorte »Beta Sweet« entwickelt, die etwa vierzig Prozent mehr Karotin enthält als die herkömmlichen Karotten und auch einen höheren Gehalt an Zucker aufweist.

Unsterblich und unentbehrlich

Acker-Kratzdistel

(Cirsium arvense)

In der nachbarlichen Wiese mit der Wilden Möhre stehen auch Gruppen hoher und schlanker Stängel, mindestens einen Meter hoch. Im oberen Bereich sind sie verzweigt und tragen zahlreiche lila Blüten, die in Blütenköpfchen untergebracht sind. Die Acker-Kratzdistel blüht gerade, ihre Blätter tragen am Rand spitze Dornen. Die Stängel selbst sind, anders als bei anderen distelartigen Gewächsen, kahl und harmlos. Die Sumpf-Kratzdistel *(Cirsium palustre)* ist viel stärker bewehrt, bei ihr sind Stängel und Blätter mit spitzen und steifen Dornen versehen.

Die Blütenköpfchen der Acker-Kratzdistel verraten die Zugehörigkeit zu den Korbblütengewächsen, die wir bei der Kornblume schon kennengelernt hatten. Die Blütenköpfchen sind von länglicher Gestalt und gleichen bauchigen Vasen, in welchen Blumensträuße stecken. Auffallend sind die braunen Spitzen der Hüllblätter, die das Blütenköpfchen bedecken.

Acker-Kratzdisteln wachsen nicht nur auf Weiden und Äckern, sondern auch an steinigen Hängen, auf Waldschlagflächen und auf Kiesbänken an Flüssen. Es sind stattliche Pflanzen, die im Boden viel aktiver sind als darüber. Das hat mit den Wurzeln zu tun.

Distelvielfalt

Mit den Disteln ist es so eine Sache, weil ganz unterschiedliche Pflanzen unter dem Namen »Distel« verstanden werden: Silberdistel *(Carlina acaulis)*, Kohldistel *(Cirsium oleraceum)*, Gänsedisteln *(Sonchus)*, Eselsdistel *(Onopordum acanthium)*, Mariendistel *(Silybum marianum)* und wie sie alle heißen. Und dann gibt es noch die eigentlichen Disteln, die zur Gattung *Carduus* gerechnet werden. Botanisch gesehen, sind das alles ganz verschiedene Gattungen, die nicht näher miteinander verwandt sind. Aber Volksnamen sind nie einheitlich und eindeutig, sie folgen nicht den strengen Regeln wissenschaftlicher Namensgebung.

Alle oben genannten »Disteln« gehören zur Familie der Korbblütengewächse, und alle sind sie dornig und unangenehm bei der Berührung mit nackter Haut. Besonders viele distelartige Gewächse wachsen im Mittelmeerraum, darunter auch die Wilde Artischocke *(Cynara cardunculus)*.

In Deutschland ist die Gattung *Cirsium* mit zwölf Arten vertreten, weltweit sind es rund 250 Arten, die sich auf die gesamte Nordhalbkugel verteilen. In Nordamerika wächst in Prärien und an Waldrändern eine rekordverdächtige Kratzdistel: Die Stängel der Hohen Kratzdistel *(Cirsium altissimum)* ragen drei Meter und mehr in den Himmel.

Und dann ist da noch Schottlands Nationalblume, eine Distel. Aber welche? Das ist alles andere als klar, und das Rätsel wird sich nie lösen lassen. Die Disteln, die auf Tassen, Dosen und Tüchern abgebildet sind, entsprechen jedenfalls nicht der Acker-Kratzdistel, da die Stängel dort stets Dornen tragen.

Eine standfeste Pflanze

Die Acker-Kratzdistel hält sich mit einer Hartnäckigkeit an ihrem Wuchsort, die überrascht und so manchen Bauern zu schaffen macht. Nicht umsonst ist sie ein gefürchtetes Acker- und Weideunkraut. Das liegt an zwei Eigenschaften der Pflanze, die mit dem unterirdischen Teil zu tun haben. Zum einen dringt die schmale Hauptwurzel tief in den Boden ein, zwei bis drei Meter sind die Regel. Der Rekord liegt bei 6,8 Meter. Die Pflanze ist fest im Boden verankert, und in etwa zwanzig bis fünfzig Zentimeter Tiefe zweigen waagrecht liegende Ausläuferwurzeln von der Hauptwurzel ab und wachsen dort weiter, kriechen gewissermaßen durch den Boden. Sie können mehrere Meter Länge erreichen und sind mit Knospen besetzt, die austreiben und neue Stängel sprießen lassen.

Das ist der Grund, warum die Acker-Kratzdistel meist in Gruppen auftaucht und »Distelnester« formt. Die Stängel einer solchen Gruppe sind unterirdisch alle miteinander verbunden und bilden einen natürlichen Klon. Durch diese sogenannte vegetative Vermehrung kann die Acker-Kratzdistel in kurzer Zeit eine große Fläche einnehmen. Kühe meiden das dornige Gewächs auf den Weiden, was der Acker-Kratzdistel zum Vorteil gereicht. Die Weidetiere halten mit ihrem Appetit Gras und andere Kräuter kurz, dadurch kann sich die Acker-Kratzdistel umso ungestörter ausbreiten. Weidetiere fördern so ungewollt die Ausbreitung der Acker-Kratzdistel, indem sie die Konkurrenz ausschalten – ein Teufelskreis!

Die große Vitalität der Pflanze liegt zudem in ihrer erstaunlichen Regenerationsfähigkeit. Sollten durch Bodenbearbeitung die Wurzelausläufer zerschnitten und zerrissen werden, macht

das nichts. Selbst kleine Stücke vermögen wieder auszutreiben. Wie Phönix aus der Asche entstehen aus ihnen neue Pflanzen, und das Unkraut steht prächtig wie zuvor auf dem Acker. Man hat sich schon früh mit der Biologie der Acker-Kratzdistel auseinandergesetzt, auch in Nordamerika, wohin die Pflanze bereits im 17. Jh. aus Europa eingeschleppt wurde. Ein gewisser Herr Prentiss veröffentlichte im 19. Jh. eine kurze Notiz über seine Versuche mit den Ausläuferwurzeln der Acker-Kratzdistel. Er grub am 11. April 1889 einige Pflanzen aus und schnitt die Ausläuferwurzeln in unterschiedlich lange Stücke, die er in Töpfe setzte und in einem Gewächshaus feucht hielt. Die Längen reichten von zwei Millimeter bis zu 2,5 Zentimeter. Sein Befund: Sogar Stückchen von nur sechs Millimeter Länge konnten austreiben und neue Pflanzen bilden!

So lässt sich mit Bodenbearbeitung in der Landwirtschaft die Acker-Kratzdistel nicht zerstören – ganz im Gegenteil. Sie wird durch das Verschleppen der Wurzelstücke erst richtig gut verteilt. Das gilt auch für andere Unkräuter mit Ausläufern wie die Gewöhnliche Quecke *(Agropyron repens)*. Das Gras ist kaum mehr wegzubekommen, wenn es einmal Fuß gefasst hat.

Mit den Wurzelausläufern wird klar, dass die Acker-Kratzdistel zu den klonalen Pflanzen gehört, jenen mehrjährigen Arten, die sich durch vegetative Vermehrung auszeichnen. Sie sind weitaus häufiger bei unseren Wildpflanzen vorhanden, als man vermuten würde. Auch das Maiglöckchen steht immer in Gruppen, aus demselben Grund; die allgegenwärtige Kanadische Goldrute, die Brennnessel und viele mehr sind sich selbst klonende Pflanzen.

Für Insekten wertvoll

Als Wildpflanze verdient die Acker-Kratzdistel einen besseren Ruf als den eines lästigen Unkrautes. Ihre Blüten stellen eine wichtige Futterquelle für Insekten dar; vor allem tagaktive Schmetterlinge suchen die lila Blütenköpfchen gerne auf und bedienen sich an dem leicht zugänglichen Nektar. Distelfalter, Kohlweißling und Zitronenfalter sind häufige Gäste auf ihren Blüten. Auch Fliegen, Wespen, Käfer, Bienen und viele andere besuchen sie gern; eine Studie aus England hat insgesamt über 120 verschiedene Insektenarten auf den Blüten der Acker-Kratzdistel gefunden.

Dass der Zuckersaft der Acker-Kratzdistel so leicht zu erreichen ist, liegt an einer Besonderheit des Blütenaufbaus. Als Korbblütengewächs sind die eigentlichen Blüten klein und sitzen in den Körbchen eng beisammen. Jede einzelne Blüte hat eine lange und enge Kronröhre von etwa einem Zentimeter Länge. Die Nektardrüsen befinden sich am Grunde der Kronröhre. Insekten mit einem kurzen Saugrüssel hätten Schwierigkeiten, an ihn zu gelangen, aber der Nektar steigt durch die enge Röhre bis nach oben und steht nun allen zur Verfügung. Kapillarkräfte sind hierfür verantwortlich, so wie Wasser in einem sehr dünnen Röhrchen ein wenig nach oben steigt, wenn es in ein wassergefülltes Glas gesteckt wird.

Die Samen, kunstvolle Flugapparate

Nach der Blüte beginnt die Samenreife, und das Blütenköpfchen verwandelt sich in ein silberweißes und flauschiges Bündel großer Schirme. Jeder einzelne Same trägt Dutzende von Strahlen, die ihrerseits von feinen Haaren besetzt sind. Darin unterscheiden sich Kratzdisteln von den eigentlichen Disteln: Die Arten von *Cirsium* haben Härchen an den Strahlen, die bei Arten von *Carduus* fehlen. Es sind oft die feinen Details, die zwei Verwandtschaftsgruppen voneinander trennen.

Die Samen der Acker-Kratzdistel sind wahre Weitstreckenflieger. Wie beim Löwenzahn gleiten sie mit dem Wind und sinken nur sehr langsam zu Boden. Das ist von Vorteil, denn je länger der Aufenthalt in der Luft, desto weiter die Strecke, die zurückgelegt werden kann. Bei günstigen Windverhältnissen werden die Samen auf diese Weise bis zu zehn Kilometer verfrachtet. Bei Regen krümmen sich die Strahlen ein und lassen so die Samen auf dem Fruchtstand verweilen – schließlich macht es keinen Sinn, sich bei miserablem Wetter in die Lüfte zu erheben.

Butter-, Kuh- und Pusteblume

Wiesen-Löwenzahn
(Taraxacum officinale)

Löwenzahn kennt jeder, und die langen Stiele mit den gelben Scheiben stehen zu Tausenden auf Weiden und Wiesen. Tatsächlich ist der Wiesen-Löwenzahn eine der häufigsten Pflanzenarten bei uns und kommt überall vor – von Nordfriesland bis zu den Bayerischen Alpen, von der Jülicher Börde im Westen bis zum Lausitzer Seenland im Osten vor. Wo immer der Boden gut gedüngt ist, sprießt er und beherrscht vom Frühjahr bis in den Sommer hinein die Szene. In Gärten und Parkanlagen macht er sich breit und wird von manchem Gartenliebhaber als lästiges Unkraut ausgestochen. Besonders massenhaft wächst er auf Rinderweiden, daher auch der Name Kuhblume. Die Namensgebung des so häufigen Gewächses ist verwirrend, denn »Wiesen-Löwenzahn« heißt auch eine andere Pflanze mit dem wissenschaftlichen Namen *Leontodon hispidus,* also eine Art aus einer ganz anderen Gattung. Manche Bestimmungsbücher nennen unsere Pflanze deswegen Wiesen-Kuhblume, um keine Verwechslung aufkommen zu lassen. Beiden gemeinsam sind die scharf gezackten Blätter, die mit viel Fantasie den Zähnen eines Löwen gleichen. Auch der wissenschaftliche Name ist eine schwierige Angelegenheit, die auf einer besonderen Eigenschaft der Pflanze beruht. Darauf gehe ich weiter unten ein.

Ich bleibe hier bei dem Namen Wiesen-Löwenzahn. Die Pflanze braucht einen guten und nährstoffreichen Boden sowie eine sonnige Umgebung. In einem schattigen Wald kann sie nicht wachsen. Sie ist eine Pflanze überdüngter Fettwiesen und wurde in den letzten 200 Jahren sicher durch die sich ausbreitende Landwirtschaft und Intensivierung gefördert.

Verwirrende Taxonomie

Botaniker haben ihre liebe Mühe mit den Löwenzähnen, denn es gibt nicht den einen Löwenzahn. Mehr noch, die botanische Gattung *Taraxacum* stellt eine äußerst schwierige Angelegenheit dar, was die Abgrenzung verschiedener Arten anbelangt. Wissenschaftler, die sich mit der systematischen Klassifizierung beschäftigen, dem Einteilen der Arten in verwandtschaftliche Gruppen wie Gattung und Familie, stoßen bei den Löwenzähnen an ihre Grenzen, und so mancher Feldbotaniker wird beim Bestimmen einer Löwenzahn-Art verzweifeln. Denn die Löwenzahn-Pflanzen, die draußen in der Natur angetroffen werden, lassen sich oft genug nicht eindeutig einer bestimmten Art zuordnen. Der Grund ist die enorme Vielfalt der Pflanzen, die sich aufgrund kleiner, meist regionaler Unterschiede in der Gestalt ergibt. So haben Botaniker alleine in Deutschland bisher über 360 verschiedene Arten an *Taraxacum* beschrieben, die nur Experten voneinander unterscheiden können.

Wie kommt das?

Die Schlüsselwörter lauten Kleinarten und Jungfernzeugung. Einige Pflanzenarten, zu ihnen zählen viele Löwenzahn-Arten,

besitzen die Fähigkeit, ohne Befruchtung keimfähige Samen zu bilden. Das heißt, die Blüten brauchen nicht befruchtet zu werden, die Samen bilden sich trotzdem, allerdings auf ungeschlechtlichem Wege. Dieses Phänomen kennt man als Parthenogenese oder Jungfernzeugung von gewissen Tieren wie Blattläusen und anderen Insekten. Auch manche Schnecken und sogar manche Fische und Eidechsen sind dazu fähig und können ohne Sex Nachkommen zeugen. Im Falle von Pflanzen sprechen die Biologen lieber von Apomixis, ein Begriff, den der deutsche Botaniker Hans Winkler (1877–1945) geprägt hatte.

Samenbildung ohne Befruchtung – ohne Verschmelzung einer männlichen und einer weiblichen Geschlechtszelle – hat etwas zur Folge. Die gesamte Nachkommenschaft einer einzelnen Pflanze ist genetisch genau gleich und mit der Mutterpflanze identisch. Die Samen eines Löwenzahns, der sich so vermehrt, bilden einen Klon, da jede neue Pflanze dieselben Erbanlagen wie die Mutterpflanze aufweist. Und jetzt wird es spannend. Sollten, aus welchen Gründen auch immer, die Pflanzen in der einen Ecke des Landes ein klein wenig anders aussehen als in einer anderen Ecke, werden diese feinen Unterschiede von Generation zu Generation weitergegeben. Es gibt ja keinen genetischen Austausch. So haben sich über lange Zeiträume viele sogenannte Kleinarten angehäuft.

Ist der Wiesen-Löwenzahn nun eine eindeutige Art? Eine schwierige Frage! Botaniker sprechen beim Wiesen-Löwenzahn lieber von einem Aggregat oder einer Sammelart statt von einer eindeutigen Art. Daher lautet heute der wissenschaftliche Name unserer Pflanze *Taraxacum* section *Ruderalia,* um diesem Umstand Rechnung zu tragen. Die Spielvarianten sind aber einander so ähnlich, dass sie für den Alltag keine Rolle spielen und für uns die Bezeichnung Wiesen-Löwenzahn vollkommen genügt. Am Ende sind die Kleinarten vor allem für Experten von Interesse, für die allgemeine Biologie der Pflanze sind sie kaum von Bedeutung.

Pfahlwurzel und Röhren

Die Anatomie des Wiesen-Löwenzahns weist einige Besonderheiten auf, unter wie über der Erde. Der Wiesen-Löwenzahn gilt als Tiefwurzler, denn seine Wurzeln reichen bis zwei Meter in den Boden. Die dicke Hauptwurzel ist gefürchtet, weil sie immer wieder austreiben kann und so den Löwenzahn zu einem Unkraut im Garten und in der Landwirtschaft macht. In der Pfahlwurzel lagert sich während des Sommers Inulin als Reservestoff ein, dessen Gehalt im Herbst bis zu vierzig Prozent erreichen kann. Früher fanden die Wurzeln, im Herbst ausgegraben und geröstet, als Kaffee-Ersatz Verwendung. Durch das Rösten entsteht aus dem Inulin ein Stoff mit einem kaffeeähnlichen Aroma, so wie bei der Zichorie oder Gemeinen Wegwarte *(Cichorium intybus)*.

Die Blätter mit ihren grob gezähnten Rändern entstehen alle an der Basis der Pflanze und bilden eine große Rosette. Wenn sie nicht zu alt sind, lässt sich aus ihnen ein wertvoller Wildblumensalat zubereiten. Aus der Mitte der Blattrosette ragt der Stängel empor. Er ist hohl und dient nur dazu, die Blüten zur Schau zu stellen, daher sollte man streng genommen von einem Blütenschaft sprechen. Diese Röhre ist sehr dünnwandig und trotzdem stabil, biomechanisch betrachtet, stellt sie eine interessante Konstruktion dar. Eine Röhre statt eines mit Zellgewebe gefüllten Stängels spart Baumaterial, und da der Blütenschaft keine Blätter tragen muss, braucht er auch nicht besonders stark ausgebildet zu sein. Die Stabilität des hohlen Stängels kommt durch die Gewebespannung zustande, und ein einfacher Versuch veranschaulicht dies. Nimmt man ein Stück des Stängels und spaltet ihn der Länge nach, rollen sich die Teile nach außen spiralförmig ein, weil das Gewebe sich entspannt. Auch Grashalme sind hohl, bei ihnen ist es das feste und steife Gewebe, das sie so stabil macht.

Fallschirme

Löwenzahn gehört zu den Korbblütengewächsen. Das gelbe Gebilde setzt sich aus rund 200 kleinen Blüten zusammen, von denen jede eine gelbe Zunge trägt. Für Honigbienen und zahlreiche Wildbienen ist Löwenzahn eine wichtige Pollenquelle. Nach der Blüte entstehen silbrig glänzende, filigrane Kugeln auf den Blütenschäften, daher rührt auch der Name Pusteblume. Jede einzelne Blüte der gelben Scheiben verwandelt sich in einen kleinen Fallschirm, an dessen unterem Ende das Samenkorn hängt. Ein kräftiges Hineinblasen in diese Kugeln lässt die Schirmchenflieger in alle Richtungen auseinanderstieben. Der Fallschirm besteht aus dünnen Härchen, die in den Blüten bereits angelegt worden sind. Es ist dasselbe Prinzip wie bei der Acker-Kratzdistel.

Während der Fruchtreife geschieht etwas Unerwartetes. Der Blütenschaft des Wiesen-Löwenzahns streckt sich, die Pflanze scheint bestrebt zu sein, die Früchte möglichst weit in die Höhe zu bringen. Auf einer Wiese ganz in meiner Nähe sah ich blühende und fruchtende Pflanzen nebeneinander – die Blütenköpfchen einer einzelnen Pflanze verblühen eher rasch und wandeln sich dann flugs in die Früchte um –, und die Stängel mit Früchten waren zwei- bis dreimal so hoch wie die Stängel mit Blüten. Flugtechnisch macht das Sinn, denn je höher der Punkt des Absprunges liegt, desto weiter die mögliche Distanz, die zurückgelegt werden kann. Eine wichtigere Rolle aber spielen wohl die Winde für die Ausbreitung der Samen, und eine einzelne Frucht kann theoretisch bis zu zehn Kilometer fortgetragen werden. Und auch Tier und Mensch verschleppen unwissentlich die Samen. Der Wiesen-Löwenzahn gilt als Kulturbegleiter, und das hat die Pflanze zu einem Kosmopoliten gemacht.

In aller Welt

Nicht nur bei uns gehört der Wiesen-Löwenzahn zu den häufigsten Pflanzen, sondern auch weltweit. Als zufällig eingeschlepptes Unkraut oder absichtlich eingeführte Zierpflanze wächst der Wiesen-Löwenzahn heutzutage auf allen Kontinenten außer der Antarktis. Und überall findet man ihn auf Wiesen, an Straßenrändern und in vom Menschen stark beeinträchtigten Lebensräumen. Manchmal wird er in anderen Ländern zu begehrter Nahrung für Wildtiere, so konnte ich etwa in Kanada Schwarzbären beobachten, die sich am Straßenrand aufhielten, um in aller Ruhe die vielen Löwenzahnblüten zu fressen, die auf dem Randstreifen wuchsen. Nur die Blütenköpfe pflückten sich die Feinschmecker, Blätter und Stängel ließen sie stehen.

Löwenzahn hat es in die entlegensten Ecken der Welt verschlagen, wie beispielsweise auf die windgepeitschten Inseln der Kerguelen, rund 1.500 Kilometer vor der Antarktis. Die Inseln gehören zu Frankreich, und seit 1949 steht eine ganzjährig besetzte Forschungsstation auf dem ansonsten heute unbewohnten Archipel, an der Biologen, Geophysiker und Meteorologen arbeiten. Im 19. Jh. ließen sich Walfänger und Robbenjäger auf den Inseln nieder, mit ihnen kamen wohl auch einige exotische Pflanzen wie der Löwenzahn auf die Inseln.

Seit den 1990er-Jahren beobachten Wissenschaftler eine Zunahme des Wiesen-Löwenzahns auf den Kerguelen, während gewisse einheimische Arten zurückgehen. Für die spärliche, aber einzigartige Flora ist das keine gute Entwicklung. Schließlich wachsen auf den Inseln besondere Pflanzen wie der Kerguelen-Kohl *(Pringlea antiscorbutica)*, der nur auf einigen subantarktischen Inseln heimisch ist. Was hier im Kleinen geschieht – das Ausbreiten eines exotischen Gewächses auf Kosten einheimischer Arten –, geschieht auch auf Kontinenten und an vielen Orten. Löwenzahn gilt in Nationen wie Australien oder den USA als problematische Pflanze, die in naturnahe Lebensräume eindringt und sich breitmacht.

Die Staude mit Borsten und Flecken

Gewöhnlicher Natternkopf

(Echium vulgare)

Am Rande eines Heidewegs blühen außerordentlich viele Exemplare einer fast einen Meter hohen Pflanze mit vielen blauen Blüten. Für mich ist der Gewöhnliche Natternkopf eine unserer schönsten Stauden. Der aufrechte Wuchs und die großen Blüten machen die Pflanze zu einer ausgesprochen attraktiven Erscheinung. Die vielen Schmetterlinge und Hummeln an den Blüten vermitteln zudem den Eindruck einer Wildpflanze, die für Insekten eine wichtige Rolle spielt. In Trockenrasen, an Böschungen und auf verlassenen Äckern kann der Natternkopf überaus zahlreich in Erscheinung treten und setzt mit seinen blauen Blütenkerzen einen ganz besonderen Farbakzent in die Sommerlandschaft.

Auffallend sind die borstigen Haare am Stängel und im Blütenstand. Sie sind glasig, spitz, von unterschiedlicher Länge, stechen aber kein bisschen. Auch der Blütenkelch ist borstig behaart. Kein Wunder, der Natternkopf ist schließlich ein Vertreter der Raublattgewächse, und diese Familie ist für ihre Haarigkeit bekannt. Wir haben etliche weitere Arten aus der Familie in unserer Flora, etwa mehrere Arten an Vergissmeinnicht *(Myosotis)* und Lungenkraut *(Pulmonaria)*. In den Alpen wächst eine hübsche Pflanze aus der Familie, der Himmelsherold *(Eritrichium nanum)*, der bis auf 3.400 Meter über dem Meeresspiegel ansteigt und zwischen Steinen seine himmelblauen Blüten öffnet; die Art fehlt aber in Deutschland. Bestens bekannt ist uns der Borretsch oder Gurkenkraut *(Borago officinalis)* als Gewürzpflanze, und die Familie heißt auch Borretschgewächse.

Die Familie ist auf der ganzen Welt verbreitet und mit etwa 1.700 Arten nicht sonderlich artenreich. Sie hat aber neben krautigen Pflanzen auch Sträucher und Bäume hervorgebracht. Am spannendsten sind für uns sicher die Arten an Natternkopf.

Die Riesennatternköpfe

Weltweit existieren nur 64 verschiedene Arten an *Echium,* die Gattung ist somit klein und überschaubar. Es ist immer wieder spannend zu sehen, wie die Arten einer bestimmten Gattung geografisch verbreitet sind, und bei den Natternköpfen fällt ein biogeografisches Phänomen auf. Viele Arten kommen ausschließlich auf den Kanarischen Inseln vor, nämlich 23 Arten. Das sind mehr als ein Drittel des weltweiten Artenbestandes. Die Kanarischen Inseln sind die Hochburg der Natternköpfe, und so manche Art wächst sogar nur auf einer einzigen Insel des Archipels, von Pflanzungen mal abgesehen. Wie kommt das?

Biogeografen sprechen von einer Auffächerung oder Radiation. Das bekannteste Beispiel sind die Darwinfinken der Galapagosinseln, die insgesamt 18 Arten umfassen. Sie alle gehen auf einen gemeinsamen Vorfahren zurück, eine Vogelart, die vor langer Zeit eine der Inseln vom Festland aus erreichte und sich

dann in der Abgeschiedenheit ohne genetischen Austausch mit anderen zu einer eigenen Art entwickelte. Nach und nach wurden andere Inseln besiedelt, es entstanden neue Arten, die sich in Aussehen und Lebensweise unterscheiden. Auch die kanarischen Natternkopf-Arten dürften aus einer oder wenigen Stammarten vom Festland hervorgegangen sein. Die Besiedlung weit abgelegener Inseln ist für Pflanzen wie Tiere ein seltenes und zufälliges Ereignis: ein durch die Winde abgedrifteter Vogel, ein paar Samen auf einem angeschwemmten Stück Baumstamm oder im Gefieder eines Vogels.

Viele der Arten an *Echium* auf den Kanaren wachsen strauchförmig, und manche werden riesig. So erreicht der Wildpret-Natternkopf *(Echium wildpretii)* drei Meter Höhe, der Pininana-Natternkopf *(Echium pininana)* gar vier Meter. Beide Arten bilden unverzweigte Stängel. Zur Blütezeit bietet der Wildpret-Natternkopf einen spektakulären Anblick, wenn Tausende roter Blüten die Pflanze in eine flammende Blütenkerze verwandeln.

Der Pininana-Natternkopf wächst ausschließlich auf La Palma im feuchten Lorbeerwald, und wenn ich unter einem solchen Natternkopf stehe, komme ich mir wie in den Zeiten der Riesenschachtelhalme und Dinosaurier vor. Die großwüchsigen Arten zeigen ein weiteres biogeografisches Phänomen, Biologen nennen es Inselgigantismus. Es ist auffallend, dass manche Arten auf Inseln eine ungewöhnliche Größe erreichen im Vergleich zu ihren nächsten Verwandten auf dem Festland. Bei den Tieren sind die Riesenschildkröten auf den Galapagosinseln und den Seychellen ein bekanntes Beispiel. Die Galapagos-Riesenschildkröte *(Chelonoidis nigra)* kann über 200 Kilogramm schwer werden – ein Koloss im Vergleich zu den Schildkröten an Land!

Warum manche Pflanzen und Tiere auf abgelegenen Inseln zu Riesen werden, ist schwer zu sagen. Möglicherweise spielt die Abwesenheit von natürlichen Fressfeinden eine Rolle, die eine Zunahme der Körpergröße beflügelte.

Wie eine Verkehrsampel

Doch zurück zu unserem einheimischen Natternkopf, dessen Blüten eine interessante Besonderheit aufweisen. Ich blicke in eine Blüte hinein und erkenne die fünf Zipfel, die den Rand der Blüte bilden. Aus den offenen Blüten schauen vier lange dünne Stiele heraus, rosarot, mit blauen Tupfen auf den Enden. Das sind die Staubblätter mit den Staubbeuteln. Ein weiterer Stiel zeigt ein gespaltenes Ende und ist ebenfalls haarig. Das ist der Griffel mit der Narbe, der dem Gewächs den Volksnamen »Natternkopf« verleiht: Die gespaltene Narbe soll der gespaltenen Zunge einer Schlange gleichen.

Die Staude überrascht mit einem Farbenspiel, wenn sie blüht. Öffnen sich die Blüten des Natternkopfes, sind sie zunächst einmal rosa gefärbt. In diesem frischen Zustand enthalten sie viel Nektar, was Bienen schnell lernen. Ist die Blüte bestäubt worden, wechselt sie die Farbe von rosa nach blau und signalisiert, dass es nicht mehr viel zu holen gibt. Man möge sich bitte den rosa Blüten zuwenden, lautet die Botschaft. Ein ähnliches Verhalten zeigt auch die Rosskastanie *(Aesculus hippocastanum)*. Bei ihr wechseln die Farbflecken in den Blüten von gelb über orange zu karminrot, hinzu kommt noch eine Änderung des Duftes. Nur die Blüten in der gelben Phase bilden Nektar. Manche Pflanzen erwecken den Eindruck, als würden sie ihre Blütenbesucher dirigieren und genaue Anleitungen zum Gebrauch der Blüten geben.

Für Insekten ist der Gewöhnliche Natternkopf eine wichtige Futterquelle. So haben Entomologen schon über vierzig Schmetterlingsarten auf den Blüten des Natternkopfes gefunden.

Haare als Wasserfänger

Ich habe oben von den Borstenhaaren der Raublattgewächse gesprochen und möchte jetzt noch ein wenig bei Pflanzenhaaren verweilen. Viele Pflanzen sind vollkommen kahl, andere tragen einen dicken oder schütteren Pelz auf Stängel und Blättern. Pflanzenhaare weisen eine enorme Vielfalt an Strukturen auf, sie sind lang oder kurz, dicht oder locker, einfach gebaut wie unsere Haare oder verzweigt. Die haarigsten Pflanzen, die mir begegnet sind, wuchsen in ganz unterschiedlichen Umgebungen. Die Schneeweiße Strandfilzblume *(Achillea maritima)* fand ich am Strand Korsikas, die Pflanzen waren nicht grün, sondern weißfilzig, dicht eingepackt in einen kurzen Rasen von Haaren. Eine andere Pflanze ist unser Alpen-Edelweiß *(Leontopodium nivale)*, bei der die Stängel und die Hüllblätter des Blütenstandes wie von Watte eingewickelt aussehen.

Wozu dienen Pflanzenhaare? Am Strand und in den Alpen ist die Sonne intensiv, da wirken die weißen Filze sicher als Schutz vor UV-Strahlung und übermäßiger Sonnenintensität. Aber auch vor Austrocknung schützen Haare. Eine weitere Funktion liegt in der Verteidigung gegenüber Fressfeinden. Pflanzenfressenden Insekten wie Blattläusen und Raupen setzen behaarte Stängel und Blätter mehr Widerstand entgegen als kahle. Und dann erfüllen besondere Haare besondere Funktionen. Die Brennhaare der Brennnessel werden wir bald kennenlernen. Der Rundblättrige Sonnentau *(Drosera rotundifolia)* fängt kleine

Insekten mithilfe klebriger Drüsenhaare auf den Blättern, und die Samen mancher Pflanzenarten tragen lange Haarbüschel, um mit dem Wind fortgetragen zu werden, wie etwa bei der Baumwolle.

Die eher spärliche und borstige Behaarung des Natternkopfs dürfte in erster Linie der Abwehr von Schädlingen dienen. Man hat aber auch festgestellt, dass die Haare zur Wasserversorgung beitragen, weil sich an ihnen zu früher Morgenstunde besonders leicht Tautröpfchen bilden. Das Wasser rinnt am Stängel hinunter in den Boden und trägt zur Versorgung der Pflanze bei.

Ob dies ein wirkungsvoller und notwendiger Mechanismus ist, bleibt ungewiss, denn der Gewöhnliche Natternkopf kann sich das notwendige Nass auch aus der Tiefe holen. Seine Wurzeln reichen zwei bis drei Meter in den Boden und dringen so in feuchtere Schichten vor. Das erlaubt ihm, üppig zu wachsen, selbst wenn die Sonne auf den trockenen Heideboden brennt.

Ungeliebt – und wertvoll

Große Brennnessel

(Urtica dioica)

Brennnesseln gehören nicht gerade zu den Sympathieträgern unter den Wildblumen. Eigentlich ungerecht, denn die Pflanzen sind nicht nur aufregend und spannend, sondern stellen auch für viele Insektenarten eine unentbehrliche Nahrungsquelle dar. Und die Unantastbarkeit der Pflanze entpuppt sich als eine raffiniert konstruierte Abwehr gegen pflanzenfressende Tiere.

Mit 53 Arten weltweit ist die Gattung *Urtica* nicht gerade artenreich. Sie gehören alle der Familie der Brennnesselgewächse an, und diese Familie ist mit 2.600 Arten weltweit sehr vielfältig, was die Anzahl Gattungen und die Wuchsformen anbelangt. Neben einjährigen und mehrjährigen Stauden finden sich auch Sträucher, Bäume und Lianen unter ihnen. Zu den Bäumen der Familie zählen beispielsweise die Ameisenbäume (Gattung *Cecropia)* des tropischen Südamerikas, die mit ihren großen und schildförmigen Blättern auffallen. Viele Arten von ihnen leben in Symbiose mit Ameisen, die sich in den hohlen Stämmen einnisten und wie bei den Akazien den Baum gegen Fressfeinde verteidigen. Eine beliebte Zimmerpflanze von buschigem Wuchs und kleinen runden Blättern aus der Familie ist der »Bubikopf« *(Soleirolia soleirolii)*, der aus Sardinien und Korsika stammt.

Außer der Großen Brennnessel sind in Deutschland auch die Kleine Brennnessel *(Urtica urens)* und die seltene Röhricht-Brennnessel oder Ukrainische Brennnessel *(Urtica kioviensis)* heimisch. Die Große Brennnessel wird bis zu zwei Meter hoch und wächst an Wegrändern, in Waldsäumen und Auenwäldern. Sie gilt als Stickstoffzeiger und gedeiht selbst auf stark überdüngten Böden. Ihre kleinen Blüten sind grünlich und eingeschlechtig, eine Pflanze hat meist entweder männliche oder weibliche Blüten, manchmal allerdings auch beide.

Das Brennhaar, ein Meisterwerk

Blätter und Stängel der Pflanze tragen unzählige Haare, die sich mit einer Lupe gut erkennen lassen. Ihre Länge liegt im Bereich von ein paar wenigen Millimetern. Sie sind nicht einfach Haare, sondern mit einer stark reizenden Flüssigkeit gefüllte Ampullen mit einer langen Spitze. Diese bricht bei der geringsten Berührung ab, und der Rest bohrt sich wie eine Nadel in die Haut, wobei der Giftcocktail freigesetzt wird.

Was sich bei manchen Pflanzenarten an komplexen Strukturen im Laufe der Stammesgeschichte herausgebildet hat, klingt beinahe unglaublich. Immerhin braucht es zwei Dinge für ein Brennhaar. Zum einen bedarf es einer ausgefeilten Technik: Die Konstruktion des hochgradig spezialisierten Pflanzenhaares muss so sein, dass die Spitze brechen kann, sticht und den Inhalt in die Haut spritzt. Das wiederum erfordert ein hartes und steifes Material sowie einen Hohlraum im Pflanzenhaar. Zum andern braucht es den Inhalt, eine Giftmischung mit entsprechender Wirksamkeit. Nur das Zusammenspiel dieser beiden Komponenten erlaubt das Funktionieren eines Brennhaares.

Den Feinbau der Brennhaare unserer Brennnessel hat bereits der englische Universalgelehrte Robert Hooke (1635–1703) vor über 350 Jahren erkannt und bildlich dargestellt. Die Beschaffenheit des Materials konnte er jedoch nicht wissen, die hat erst 2018 eine Gruppe von Wissenschaftlern des Nees-Institutes für Biodiversität der Pflanzen der Universität Bonn herausgefunden. Demnach beruht die Steifheit der Brennhaare auf zwei mineralischen Bestandteilen, nämlich Kieselsäure und Kalk. Die runde Spitze sowie das obere Drittel eines einzelnen Brennhaares besteht hauptsächlich aus Kieselsäure, der untere Teil hingegen aus Kalk. Das Verwenden eines mineralischen Baumaterials für die Brennhaare ist erstaunlich, denn die Zellwände von Pflanzen bestehen meist aus Zellulose. Doch dieses Material ist viel zu weich, um eine scharfe Nadel zu bilden. Die Borstenhaare des Gewöhnlichen Natternkopfs etwa stechen nicht, weil sie biegsam sind und aus Zellulose bestehen.

Immer wenn ich bei meinen Recherchen auf solche Dinge stoße, bin ich fasziniert davon, welch ausgefeilte Mechanismen und scheinbar perfekte Lösungen sich bei Pflanzen herausgebildet haben.

Der Inhalt der Brennhaare ist ein Gemisch verschiedener Stoffe wie Ameisensäure, Histamin und Acetylcholin. Letzteres kommt bei Tier und Mensch vor und spielt bei der Übertragung von Nervensignalen im Körper eine wichtige Rolle. Dieses Gemisch ruft die unangenehmen Hautreizungen hervor, wenn wir damit in Berührung kommen.

RM

Die Brennpflanzen

Brennhaare haben sich nicht nur bei Brennnesselgewächsen herausgebildet. Insgesamt sind solche pflanzlichen Injektionsnadeln von etwas mehr als vierzig Pflanzenarten bekannt, die sich auf fünf verschiedene Familien verteilen. Die meisten Arten stammen aus den Brennnesselgewächsen und aus den Blumennesselgewächsen (Loasaceae), hier sind es vor allem die Arten der Gattung *Loasa,* die in Chile und Argentinien vorkommen. Ihre Brennhaare sind länger und noch bedeutend unangenehmer als die der Brennnesseln. In Florida wächst ein Wolfsmilchgewächs mit dem wissenschaftlichen Namen *Cnidoscolus urens,* das nicht berührt werden sollte. Die Pflanze ist ein hübsches Gewächs mit weißen Blüten und stark eingeschnittenen Blättern. Sie wird über einen Meter hoch, und man trifft sie auf sandigen Böden. Stängel und Blätter tragen zahlreiche Brennhaare.

Alle diese Arten nehmen sich geradezu harmlos aus im Vergleich zu einem Baum Australiens, dem »stinging tree« oder »gympie-gympie« *(Dendrocnide moroidea)* aus der Familie der Brennnesselgewächse. Die Pflanze ist gefährlich und mitunter lebensgefährlich, weil sie nach Berühren heftige allergische Reaktionen auslösen kann bis hin zu einem anaphylaktischen Schock. »Sogar ein sehr kurzer Kontakt mit einem Blatt löst einen unerträglichen Schmerz aus. Es erscheinen sofort Stiche und schwerwiegende Verbrennungen, die sich verschlimmern. Nach zwanzig bis dreißig Minuten haben sie den Höhepunkt ihrer Entwicklung erreicht«, beschrieb Marina Hurley, Biologin an der Universität von New South Wales in Australien ihre Erfahrung mit der Pflanze. Der Schmerz hält meist einige Stunden an, in manchen Fällen aber auch tage- oder gar wochenlang.

Die Pflanze wächst als Strauch oder kleiner Baum im tropischen Regenwald Australiens und auch in Teilen Indonesiens und trägt große Blätter von bis zu zwanzig Zentimeter Länge, die in der Form an Lindenblätter erinnern. Zweige und Blätter sind dicht mit Brennhaaren versehen. Es sind schon Hunde und Pferde getötet worden, die mit der Pflanze in Berührung kamen.

Warum ist der »stinging tree« so gefährlich, dass Besucher und Besucherinnen des Regenwaldes in Australien ausdrücklich vor der Pflanze gewarnt werden? Das liegt an der chemischen Zusammensetzung des Inhaltes. In den Brennhaaren befindet sich ein ganz anderes Gift als bei unserer Brennnessel. Es sind Eiweißstoffe, sogenannte Oligopeptide, die auf das Nervensystem wirken. Das Erstaunliche ist, dass diese Stoffe mit dem Gift gewisser Spinnen und Kegelschnecken vergleichbar sind, die ihre Beute damit lähmen. Dass Pflanzen ebenfalls auf solche hochwirksamen Stoffe zurückgreifen, würde man nicht erwarten.

An wen richten sich die Brennhaare?

Ich habe schon Brennnesseln gesehen, auf denen sich ganze Knäuel schwarzer Raupen tummelten. Gegen Schmetterlingsraupen und andere Insektenlarven scheinen die Brennhaare wirkungslos zu sein. Auch die australischen »stinging trees« sind vor Angriffen durch Insekten nicht gefeit. Wozu aber haben sich dann derart komplizierte Abwehrmechanismen entwickelt?

Pflanzen sind einer Vielzahl an pflanzenfressenden Tieren ausgesetzt, von der Blattlaus bis zu Raupen und großen Wirbeltieren wie Reh und Hirsch. Die Brennhaare dienen wahrscheinlich der Abwehr großer pflanzenfressender Tiere. Dennoch erstaunt, dass in Australien eine kleine Känguru-Art, der Rotbeinfilander *(Thylogale stigmatica)*, unbeschadet Blätter des »stinging tree« frisst. Wie er das macht, ist mir ein Rätsel und erinnert mich an Giraffen, die trotz spitzer Dornen an den Zweigen von Akazien fressen. In Japan ernährt sich der Sikahirsch unter anderem von Brennnesseln. Also nützt die Abwehr gar nichts?

Wahrscheinlich doch, denn wenn die Brennhaare nicht eine gewisse Wirksamkeit an den Tag legen würden, wenn sie der Pflanze nicht doch einen Vorteil verschaffen würden, wären sie während der Evolution kaum entstanden. Schließlich bestimmt die natürliche Auslese, ob eine bestimmte Eigenschaft oder eine bestimmte Struktur bestehen bleibt oder wieder von der Bühne des Lebens verschwindet. Wahrscheinlich geht es um Schadensbegrenzung. Wenn die Brennhaare die Pflanze vor gänzlichem Abfressen schützen, haben sie schon ihren Zweck erfüllt.

Für Insekten überaus wertvoll

Nach diesem Exkurs möchte ich zur Großen Brennnessel zurückkehren. Bei der Acker-Kratzdistel hatte ich die Fülle an verschiedenen Insekten erwähnt, die auf den Blüten landen und sich Nektar und Pollen holen. Pflanzen sind für Insekten in zweierlei Hinsicht von Bedeutung: einmal wegen der Blüten, zum andern wegen der Blätter, Wurzeln und Stängel. Unzählige Insekten und Larven ernähren sich direkt vom Pflanzengewebe. Bei den Schmetterlingen bevorzugen Raupen oftmals andere Pflanzenarten als geschlüpfte Schmetterlinge – zwei verschiedene Lebensphasen ein und desselben Tieres kommen mit ganz unterschiedlichen Ansprüchen und einer unterschiedlichen Lebensweise daher.

Die Große Brennnessel ist eine überaus wichtige Nahrungspflanze für viele unserer heimischen Schmetterlinge. So werden die Raupen des Admirals *(Vanessa atalanta)* in Mitteleuropa ausschließlich auf Blättern der Großen Brennnessel beobachtet. Mit einer Flügelspannweite bis zu sechs Zentimetern und den roten Binden auf den schwarzen Flügeln gehört er zu den prächtigsten und größten unserer Schmetterlinge. Auch das Tagpfauenauge *(Inachis io)* mit den großen Augenflecken auf den Flügeln legt seine Eier ausschließlich auf der Großen Brennnessel ab, ebenso der Kleine Fuchs *(Aglais urticae)*. Die Raupen aller drei Arten hängen also von der einen Pflanzenart ab. Fehlt sie, können die Schmetterlinge keinen Nachwuchs bekommen.

Auch für weniger wählerische Arten sind Brennnesseln bedeutende Futterpflanzen, und insgesamt nutzen über zwanzig Schmetterlingsarten die Große Brennnessel. Gut, dass diese Staude mancherorts üppig wächst.

Von Betrügern heimgesucht

Gewöhnliches Leinkraut

(Linaria vulgaris)

Wenn es nicht gerade blüht, fällt das Gewöhnliche Leinkraut kaum auf. Die schmalen Blätter und die graugrüne Farbe der Pflanze tragen zu ihrer Unscheinbarkeit bei, obwohl die wenig verzweigten Stängel 80 Zentimeter Höhe erreichen. Dennoch ist das Gewöhnliche Leinkraut überaus häufig und im ganzen Land verbreitet. Es wächst an Wegrändern, in aufgelassenen Äckern, an Schuttplätzen und auf Brachland und blüht von Juni bis in den Oktober hinein. An der Havel in Potsdam hatte ich auf einer Wiese einen Bestand mit Hunderten von Pflanzen des Gewöhnlichen Leinkrauts angetroffen, die mit den hellgelben und orangefarbenen Blüten einen Kontrast zu den blauen Glockenblumen und weißen Schafgarben setzten.

Das Gewöhnliche Leinkraut ist eine überaus spannende Pflanze, vor allem wegen der besonders gestalteten Blüten, die dicht gedrängt am oberen Teil des Stängels sitzen. Ihre Form erinnert an Löwenmäulchen, die beliebte Balkon- und Gartenpflanze, von der es viele Sorten in ganz unterschiedlichen Blütenfarben gibt. Leinkraut ist eine kleine Gattung, die früher zu den Rachenblütengewächsen gehörte, seit einigen Jahren aber wird sie zu den Wegerichgewächsen gezählt. Neuere Forschungen über die Verwandtschaftsverhältnisse machten diesen Familienwechsel notwendig.

Die weltweit 95 Arten der Gattung *Linaria* verteilen sich auf Nordamerika und Eurasien, einige Arten wurden in andere Kontinente eingeschleppt. In Deutschland sind gerade mal vier Arten an Leinkraut heimisch. Das Acker-Leinkraut *(Linaria arvensis)* ist ein unscheinbares Gewächs mit kleinen blassblauen Blüten. Beim seltenen Streifen-Leinkraut *(Linaria repens)* überziehen violette Striche die sonst weißlichen Blüten. In den Alpen aber wächst eine auffällige und prächtige Art, das Alpen-Leinkraut *(Linaria alpina)*. Ihre blauvioletten Blüten sind mit einem orangegelben Fleck versehen. Der Lebensraum der Gebirgspflanze sind Steinschuttfluren, im Geröll kann es zwischen den Steinen angetroffen werden.

Kein Zutritt

Wie beim Löwenmäulchen gibt es bei den Blüten des Gewöhnlichen Leinkrauts eine obere Hälfte, die sehr anders aussieht als die untere Hälfte. Auffallend ist der orangefarbene und aufgeblähte Fleck. Er ist Teil der Unterlippe und wird von hellgelben Fortsätzen flankiert. Die ebenfalls hellgelbe Oberlippe und die Unterlippe liegen fest aufeinander, die Blüten sind verschlossen und man kann nicht in sie hineinsehen. Hier hilft nur ein Trick, den wir alle als Kinder beim Löwenmäulchen angewandt haben: mit Daumen und Zeigefinger seitlich die Blüte zusammendrücken, und schon reißt die Blüte ihr Maul weit auf. Nun lassen sich die vier Staubbeutel erkennen sowie die feine Rinne in der Mitte der Unterlippe, die mit gelben Härchen besetzt ist.

Sie bildet einen Kanal für den Insektenrüssel, hier muss der Blütenbesucher hineinfahren, um an den Nektar zu gelangen. Dieser befindet sich wie beim Acker-Veilchen in einer spitzen Ausstülpung, die nach unten gerichtet ist. Nur gewisse Hummeln, Bienenarten und Falter mit einem genügend langen Rüssel vermögen den Nektar aufzusaugen. Blütenbesucher zwängen sich zuweilen auch zwischen Unter- und Oberlippe in die Blüte hinein, um an den reichlich vorhandenen Zuckersaft zu gelangen. Ein solcher Kraftakt ist nur genügend großen Insekten vorbehalten, kleine Wildbienen etwa können mit dem Gewöhnlichen Leinkraut nichts anfangen.

Somit verwehrt das Leinkraut vielen blütenbesuchenden Insekten den Zugang. Warum eigentlich? Bei den Blütenpflanzen ist ein solches Eingrenzen von Bestäubern weit verbreitet und macht auch Sinn. Aus Sicht der Pflanze gilt es, den Pollen von einer Blüte auf eine andere zu bringen, um Bestäubung und Befruchtung zu ermöglichen. Wichtig ist, dass der Pollen zu einem Artgenossen gebracht wird, also zu einer Pflanze derselben Art. Leinkrautpollen auf dem Fruchtknoten einer Glockenblume nützt gar nichts, da ist alle Mühe vergebens. Die Chancen einer erfolgreichen Befruchtung erhöhen sich, wenn nur bestimmte Insekten zwischen den Blüten hin und herfliegen. Die Trefferwahrscheinlichkeit ist höher, als wenn viele verschiedene Insekten den Blütenstaub holen und auf viele verschiedene Blumen verteilen.

Eine Spezialisierung liegt hier vor, die Blüten nützen nur bestimmten Insektengruppen. Es gibt viele Pflanzenarten, die auf bestimmte Bestäubergruppen spezialisiert sind, besonders ausgeprägte Spezialisierungen finden wir bei den Orchideen-

gewächsen, die auch entsprechend ausgefallene Blütenmodelle entwickelt haben. So manche Orchidee wird gar nur von einer einzigen Insektenart bestäubt.

Die diebische Hummel

Ich fand in der Heidelandschaft in meiner Umgebung einen großen Bestand des Gewöhnlichen Leinkrauts und suchte ihn immer wieder auf. Die Pflanzen blühten üppig, und ich beobachtete die Blütenbesucher. Dabei konnte ich einem Naturspektakel beiwohnen, welches meist unbemerkt und in aller Stille stattfindet. An den Blüten machten sich viele Hummeln zu schaffen, es waren Erdhummeln, die an den gelben Binden und dem weißen Ende des Hinterleibs leicht zu erkennen sind. Jede Hummel krabbelte an das hintere Ende der Blüte und ignorierte vollkommen den Sinn und Zweck der Blütengestalt. Statt den Rüssel vorne in die Blüte einzuführen, steckte eine Hummel ihn offensichtlich direkt in den nektargefüllten Blütensporn. Ich sah mir die Blüten genauer an: Praktisch jede hatte ein oder ein paar wenige Löcher in der Nektartüte! Hier liegt ein klarer Fall von Nektarraub vor. Erdhummeln sind bekannt dafür, dass sie den Blütensporn des Leinkrauts aufbeißen oder den Rüssel in ein bereits vorhandenes Loch stecken, um sich am Zuckersaft zu bedienen, statt die Blüten vorschriftsmäßig zu benutzen. Die Pflanze hat nichts davon, der Pollen wird nicht übertragen, und die Blüten werden von den Erdhummeln nicht bestäubt.

Nektarraub ist ein weitverbreitetes Phänomen, an dem sich nicht nur Hummeln beteiligen. Gewisse Wespen, Bienen und Ameisen stehlen Nektar; viele nutzen auch bereits vorhandene Löcher, um ohne großen Aufwand an den Nektar zu gelangen.

Auf anderen Kontinenten leben außer Insekten noch ganz andere Blütenbesucher, und auch unter ihnen gibt es Nektarräuber. So beherrschen einige Arten an Kolibris in der Neuen Welt das Handwerk des Stehlens, indem sie ihren spitzen Schnabel in den unteren Teil einer Blüte stechen. Auch andere Vögel wie der Purpurnektarvogel *(Cinnyris asiaticus)* Asiens oder der südamerikanische Rostbauch-Hakenschnabel *(Diglossa sittoides)* sind wichtige Bestäuber – und gleichzeitig Nektardiebe. In Asien haben Biologen kleine Säugetiere auf frischer Tat ertappt, wie etwa das Chinesische Baumstreifenhörnchen *(Tamiops swinhoei)*, das die Blüten gewisser Ingwergewächse tropischer Regenwälder aufsucht. Das flinke Tierchen geht nicht gerade sorgfältig mit den Blüten um, und es kommt zu beträchtlichen Schäden bis hin zum Abreißen der gesamten Blüte.

Bei uns geschieht Nektarraub bei ein paar weiteren Wildpflanzen. In der Umgebung von Blaubeuren beobachtete ich in einem Frühjahr die Hummeln am Hohlen Lerchensporn *(Corydalis cava)*. Auch sie bissen ausnahmslos den dicken Nektarsack am hinteren Ende der Blüte auf. Ich frage mich, woher die Hummeln das wissen. Lernt eine junge Hummel dies durch Ausprobieren und Erfahrung, oder folgt sie ihrem Instinkt? Das Phänomen ist auch vom Wiesen-Wachtelweizen bekannt *(Melampyrum pratense)* und der Gewöhnlichen Akelei *(Aquilegia vulgaris)*. Alle betrogenen Pflanzen bilden ihren Nektar in einem langen Fortsatz oder in einer langen Kronröhre, was offensichtlich zum Hineinbeißen einlädt.

Schadet Nektarraub den Pflanzen?

Sicher, der gestohlene Nektar steht den braven Blütenbesuchern nicht mehr zur Verfügung. Ob Nektardiebe aber ordentliche Bestäuber verdrängen und ob die Pflanze deswegen einen geringeren Fruchtansatz aufweist und sich nicht mehr so gut vermehren kann, ist schwierig zu beurteilen. Es kommt wohl darauf an, wie viele Nektardiebe am Werk sind, wie viele Blüten eine Pflanze in einem Jahr bilden konnte und ob sie von verschiedenen Insekten besucht wird. Und auf die Wuchsform der Pflanze. Das Gewöhnliche Leinkraut ist mehrjährig und treibt jedes Jahr neue Stängel mit neuen Blüten. So gesehen, vermag die Pflanze den Schaden durch Nektarräuber zu verkraften. Außerdem besuchen auch andere Insekten die Blüten. Die Bestäubung ist also meist gewährleistet, und das Fortbestehen der Pflanze dürfte durch die Nektarräuber kaum gefährdet sein. Das zeigt sich auch an den zahlreichen Samen, die trotz der frechen Erdhummeln jedes Jahr gebildet werden.

Vielfältige Ausbreitung

Die Samen des Gewöhnlichen Leinkrauts sind winzige schwarzbraune Kügelchen, die jahrelang keimfähig bleiben. Eine einzelne Pflanze kann bis zu 32.000 Samenkörner bilden. Sie sind von einem hautartigen Rand umgeben, und sie sind leicht genug, um durch starke Winde fortgeblasen zu werden. Sie haften aber auch an Tieren, werden von Ameisen verschleppt und bei Regen auch mit dem Wasser fortgespült. Es sind Samen, die nicht auf einen bestimmten Ausbreitungsmechanismus eingestellt sind.

Zusätzlich zur Vermehrung durch Samen pflanzt sich das Leinkraut auch durch Ausläufer und Wurzelsprosse fort. Eine solche ungeschlechtliche Vermehrung ist bei vielen Stauden vorhanden. Bei der Acker-Kratzdistel haben wir gesehen, welch große Bedeutung die Vermehrung durch Ausläufer haben kann. Da ist es nicht weiter erstaunlich, dass das Gewöhnliche Leinkraut auch als Unkraut gilt. Die Pflanze kam durch den Menschen in andere Kontinente, und in Nordamerika, Australien, Neuseeland und Südafrika tritt sie verwildert auf. Durch den üppigen Wuchs entstehen dichte Leinkrautmatten, die auf Weiden nicht gern gesehen werden; auch dringt die Pflanze in die überaus artenreichen Prärien Nordamerikas ein und verdrängt einheimische Arten. Nach Nordamerika kam die Pflanze bereits Mitte des 17. Jh., offensichtlich wurde sie als Zierpflanze aus Europa eingeführt.

Die Blume mit gestielten Tellern

Rote Lichtnelke
(Silene dioica)

In der Umgebung von Berchtesgaden entdecke ich am Rande einer Wiese eine Staude mit rosa Blüten, der große Bestand einer prächtigen Wildblume. Ihre Blüten sind groß wie Euromünzen, die Pflanzen stattlich und über einen halben Meter hoch. Kein Zweifel, hier blüht die Rote Lichtnelke inmitten des grünen Grases. Die ganze Pflanze ist zottig behaart, teils rötlich angelaufen, besonders der Blütenkelch ist bei einigen Pflanzen beinahe rostrot. Auffallend ist die gabelige Verzweigung der Stängel. An jeder Verzweigungsstelle teilt sich der Stängel in genau zwei weitere Stängel, eine perfekte Geometrie. Jeweils zwei Blätter stehen sich gegenüber, sie sind von länglicher Gestalt und laufen in eine Spitze aus.

Die Blüten erscheinen, von oben betrachtet, als flache und kreisförmige Gebilde mit zehn Abschnitten. Es hat aber nur fünf Kronblätter, denn jedes einzelne davon wirkt wie mit einer Schere eingeschnitten, bis zur Hälfte der Länge reicht der Spalt. Ein weiteres Kennzeichen der Blüten sind die weißen oder rosaroten Krönchen, die wie aufgesetzt in der Mitte der Blüten sitzen und einen kleinen Ring bilden. Beide Merkmale – gespaltene Kronblätter und das Vorhandensein eines Krönchens – verraten die Familienzugehörigkeit der Pflanze: Die Lichtnelke ist ein Nelkengewächs. Zudem ist sie eine Pflanze, die sehr leicht zu erkennen ist. Sie braucht einen feuchten Boden, daher wächst sie in Hochstaudenfluren, an feuchten Waldsäumen und in Wiesen sowie in Bruch- und Auwäldern. In den Alpen kann man sie bis 2.400 Meter über dem Meeresspiegel antreffen.

Eine bedeutende Familie

Ich bleibe ein Weilchen bei der Familie. Die Nelkengewächse sind mit ihren 2.200 Arten über den gesamten Globus verteilt. Alleine die Gattung *Silene* umfasst etwa 700 Arten, von denen viele in Südeuropa vorkommen. Für Systematiker ist die Gattung schwierig, weil die Verwandtschaftsverhältnisse der Arten untereinander alles andere als klar sind. Daher trug die Rote Lichtnelke vor nicht allzu langer Zeit den wissenschaftlichen Namen *Melandrium rubrum,* sie wurde einer ganz anderen Gattung zugeordnet. Die Kuckucks-Lichtnelke *(Lychnis flos-cuculi)* hingegen wurde früher zu *Silene* gezählt, heute gehört sie zur Gattung *Lychnis* – die Taxonomie ändert sich ständig, weil neueste Forschungen oft neue Zuordnungen bedeuten.

Die Familie der Nelkengewächse ist in Deutschland mit etwa 120 Arten gut vertreten. Alleine zu *Silene* zählen rund zwanzig Arten, darunter auch eine hübsche Polsterpflanze der Alpen, das Stängellose Leimkraut *(Silene acaulis).* Weitere prominente Vertreter der Familie sind etwa die Salzmiere *(Honckenya peploides)* an der Küste oder die Pracht-Nelke *(Dianthus superbus)* mit stark zerschlitzten Kronblättern. Die Gattung *Dianthus,* die eigentlichen Nelken, spielen in der Floristik eine wichtige Rolle, und die vielen Sorten sind beliebte Stauden für Balkon und Garten.

Flache Teller mit Loch

Die rosaroten Kronblätter bilden eine flache Scheibe, eine gute Landefläche für Insekten. Man könnte meinen, hier sei der Nektar leicht zu erreichen, aber in der Mitte gibt es ein Loch, umgeben vom kleinen Krönchen. Tatsächlich sind die rosa Zipfel nur der obere Teil der Kronblätter. Die unteren Teile sind spitz auslaufend und rechtwinklig abgebogen – sie bilden einen Nagel –, und dadurch befindet sich unterhalb des flachen Tellers doch eine Art Kronröhre, die von den festen und stark behaarten Kelchblättern eingefasst wird. Erst von der Seite betrachtet, lässt sich die gesamte Blüte der Roten Lichtnelke erkennen. Der Nektar ist wie üblich in der Tiefe der Blüte untergebracht. Da kommen Insekten mit kurzen Rüsseln nicht heran, auch wenn die Verlockung groß ist. Bestäuber sind vor allem tagaktive Schmetterlinge und Schwebfliegen. Nektarräuber haben bei der Roten Lichtnelke keine Chance, ihr Gewebe ist dafür zu hart.

Vom Aufbau her sind die Blüten der Roten Lichtnelke klassische Stieltellerblumen, einer von verschiedenen Blütentypen. Die vielen Blütenformen der Wildpflanzen lassen sich verschiedenen Kategorien zuordnen, gleichsam Blütenmodellen aufgrund ihrer Gestalt und Funktionsweise. Blütenmerkmale wie Farbe, Größe, Form und Duft bestimmen, welche Bestäuber infrage kommen. In der Blütenbiologie begannen Botaniker schon früh mit dem Ordnen der Blütenformen und der Erforschung der Wechselbeziehungen zwischen Blüten und Bestäubern. Ein

Pionier auf diesem Gebiet war der deutsche Botaniker Paul Knuth (1854–1899), der das Werk »Handbuch der Blütenbiologie« veröffentlichte. Auch Hermann Müller (1829–1883) forschte über die Wechselbeziehungen zwischen Blüten und Tieren. Im Jahr 1873 erschien eines seiner wichtigsten Werke mit dem Titel »Die Befruchtung der Blumen durch Insekten und die gegenseitigen Anpassungen beider. Ein Beitrag zur Erkenntniss des ursächlichen Zusammenhangs in der Natur«. Müller verstarb am 25. August 1883 während einer blütenbiologischen Reise in den Tiroler Alpen. Natürlich muss hier auch Christian Konrad Sprengel (1750–1816) erwähnt werden; der Theologe, Botaniker und Naturforscher befasste sich intensiv mit der Funktionsweise von Blüten und studierte ihre Bestäuber. 1793 veröffentlichte er eines der berühmtesten naturkundlichen Werke des 18. Jh. mit dem Titel »Das entdeckte Geheimnis der Natur im Bau und in der Befruchtung der Blumen«. Damit begründete Sprengel die moderne Blütenbiologie.

Neben Stieltellerblumen gibt es weitere Blütentypen, die uns bei den bisher vorgestellten Wildpflanzen bereits begegnet sind. So hat der Klatsch-Mohn klassische »Pollen-Scheibenblumen« – offene und leicht zugängliche Schalen ohne Nektar. Die Kornblume entspricht dem »Körbchenblumentyp« und die Blüten des Natternkopfs sind »Rachenblumen«. Das Gewöhnliche Leinkraut hingegen zählt als typische »Lippenblume«.

Nach diesem kurzen Exkurs in die Blütenbiologie widme ich mich einem weiteren Aspekt der Roten Lichtnelke, der ebenfalls mit den Blüten zu tun hat.

Unklare Geschlechterverhältnisse

Die meisten Pflanzen bilden zwittrige Blüten mit Staubblättern und Fruchtknoten. Bei der Roten Lichtnelke sind die Blüten mancher Individuen aber nur mit Staubblättern ausgestattet, sie sind männlich. Andere Individuen tragen ausschließlich weibliche Blüten mit Fruchtknoten. Eine klare Geschlechtertrennung, und darauf deutet auch das »dioica« im lateinischen Namen hin. Es bedeutet zweihäusig, die beiden Geschlechter sind auf verschiedene Pflanzen verteilt. Männchen und Weibchen bei Pflanzen kennt man von vielen Sträuchern und Bäumen. Alle Weiden sind zweihäusig, ebenso Eschen-Ahorn, Ginkgo, Eibe und Pappeln. Auch so manches krautige Gewächs kennt eine klare Geschlechtertrennung, wie die Große Brennnessel, die wir bereits kennengelernt haben.

Nun hält sich die Rote Lichtnelke aber nicht streng an die Geschlechtertrennung. Die Verhältnisse sind sogar ziemlich verwirrend. Da wachsen Pflanzen mit rein männlichen oder rein weiblichen Blüten und solche mit zwittrigen Blüten. Der Anteil der drei Formen schwankt stark von Population zu Population; eine Untersuchung in Schweden zeigte, dass die Häufigkeit männlicher Pflanzen zwischen 41 und 60 Prozent betrug. Ich könnte nun alle Pflanzen auf der Wiese genau ansehen und auszählen, um herauszubekommen, wie das Verhältnis auf meiner Wiese aussieht, aber das lasse ich sein. Allerdings wäre es gar nicht so schwierig, denn die Rote Lichtnelke zeigt einen schwachen Geschlechtsdimorphismus. Männliche Pflanzen sehen etwas anders aus als die weiblichen Pflanzen, vom Feinbau der Blüten abgesehen. So hat der Kelch der männlichen Blüten zehn Rippen auf der Außenseite, bei den weiblichen Blüten sind es zwanzig.

Die nachtaktive Schwester

Eine nahe verwandte Art der Roten Lichtnelke ist die Weiße Lichtnelke *(Silene latifolia)* mit weißen Blüten und etwas aufgeblasenen Kelchen. Beide Arten bewohnen manchmal gemeinsam einen Lebensraum. Sie sind von ähnlichem Wuchs, aber unterscheiden sich außer in der Farbe noch durch zwei wesentliche Blütenmerkmale. Die Rote Lichtnelke ist geruchlos, die Weiße Lichtnelke verströmt einen intensiven Duft, wenn auch nur abends oder nachts. Der zweite große Unterschied betrifft die Blühzeit: Die Rote Lichtnelke blüht tagsüber, die Weiße Lichtnelke hingegen öffnet ihre Blüten erst gegen Abend, bei trübem Wetter auch schon mal am späten Nachmittag. Daher heißt sie auch Nacht-Lichtnelke.

Entsprechend unterschiedlich sind die Blütengäste der beiden Schwestern. Die Rote Lichtnelke zieht Insekten an, die tagsüber auf Nahrungssuche gehen, wie Tagfalter und Schwebfliegen. Auf der weiß blühenden Art lassen sich gerne nacht- oder dämmerungsaktive Schmetterlinge wie Eulen und Schwärmer nieder. Die unterschiedliche Blühzeit hat unterschiedliche Blütenbesucher zur Folge, was zum Vorteil beider Arten gereicht. Es gibt keine falsche Bestäubung, weil Pollen der einen Art kaum zur anderen Art gelangt. Die beiden Arten sind getrennt, es kommt zu keinem genetischen Austausch, die beiden Schwestern sind voneinander isoliert. Die Trennung scheint allerdings nicht immer streng eingehalten zu werden, denn Hybride zwischen den beiden Arten werden immer mal wieder beobachtet.

Das Aufregende ist, dass die beiden Arten wahrscheinlich aus einem gemeinsamen Vorfahren hervorgingen. Die Aufspaltung der einen Art in zwei neue Arten hat wohl zu den rot und weiß blühenden Lichtnelken geführt. Wie und wieso die Evolution diesen Schritt vollzogen hat, wissen wir allerdings nicht.

Kleine Streubüchsen

Aus den Fruchtknoten der Roten Lichtnelke entstehen trockene und nach oben offene Kapselfrüchte, in denen kleine runde Samen liegen. Die Samen sehen denen des Klatsch-Mohns sehr ähnlich, sie sind nierenförmig und auf der Oberfläche runzelig. Die Frucht funktioniert auch genau wie beim Mohn. Bei Wind wiegen sich die Stängel der Roten Lichtnelke hin und her, die Samen rieseln heraus und werden verstreut. Auf dem Boden tragen Regengüsse dazu bei, dass die Samenkörner weiter ausgebreitet werden, sollten sie in einen Bach gelangen, reisen sie sogar über längere Strecken zu neuen Orten.

Zarte Farben im kalten Nebel

Herbstzeitlose

(Colchicum autumnale)

Die Nacht war sehr kalt, dicke Nebelbänke überzogen frühmorgens die Landschaft. Doch tagsüber wärmt die Herbstsonne angenehm. Auf einer Weide in den Bayerischen Voralpen stehen prächtige lila Blüten im grünen Gras, die Herbstzeitlose hat jetzt im Oktober ihre Saison. Das zarte Lila der Blüten mag nicht so recht zu den herben Herbstfarben der Umgebung passen, vielmehr weckt es Assoziationen mit dem Frühjahr. Auch die großen Blüten sind für diese Jahreszeit ungewöhnlich, tragen die meisten jetzt noch blühenden Pflanzen kleinere Schauapparate an ihren Stängeln und Zweigen. Die Herbstzeitlose ist überhaupt sehr merkwürdig. Blätter sucht man in dieser Jahreszeit vergebens, denn sie werden erst im nächsten Jahr in Erscheinung treten. Die ganze Lebensweise der Herbstzeitlosen ist außergewöhnlich.

Die Pflanze gehört der Gattung *Colchicum* mit rund hundert Arten weltweit an; in unserer Flora haben wir nur gerade eine Art. Die nahe verwandte Alpen-Zeitlose *(Colchicum alpinum)* ist von kleinerem Wuchs und in den südlichen Alpen und im Apennin zu Hause.

Wo ist denn das weibliche Geschlecht?

Die Blüten der Herbstzeitlose sind groß genug, um alle Bestandteile gut zu sehen. Auffallend sind die sechs großen Kronblätter, die sich zu einem Trichter schließen. Im Innern erkenne ich sechs dottergelbe Staubbeutel, ein paar Millimeter in der Länge und jeder in der Mitte an einem Stiel befestigt. Die Stiele selbst sind bei manchen Blüten gelblich, bei anderen violett angelaufen. In der Mitte der Blüte stehen drei weitere dünne Stiele, die eine knopfartige Verdickung aufweisen. Das müssen die Griffel mit den Narben sein, der obere Teil des Fruchtknotens. Aber wo ist der Fruchtknoten? Er müsste sich entweder am Grunde der Kronblätter als dickes Organ zeigen, wie bei einer Tulpe, oder unmittelbar darunter, wie bei einer Amaryllis. Doch da ist nichts!

Der Fruchtknoten liegt in der Tiefe verborgen, nämlich im Boden. Was wir im Herbst von der Pflanze zu Gesicht bekommen, ist nur der obere Teil der Blüte. Der weißliche Stiel ist in Wirklichkeit gar kein Stiel, sondern Teil der Blüte. Die Kronröhre, um genau zu sein, die von langen Fortsätzen der Blütenblätter gebildet wird. Tatsächlich ist der weißliche Teil unter den rosafarbenen Blütenblättern hohl, was sich durch Zusammendrücken leicht feststellen lässt.

Ich möchte jetzt die ganze Pflanze sehen und grabe eine Herbstzeitlose aus. Das ist gar nicht so einfach bei der lehmigen Erde, die von den vielen Graswurzeln verfilzt ist. Ich hebe eine der Pflanzen aus und wasche die Erde in einem nahen Bach aus. Da zeigt sie sich in der ganzen Pracht, die Kronröhre reicht noch ein gutes Stück weiter als die Erdoberfläche. Und ich sehe, dass die Blüte direkt einer Knolle entspringt, dem Herzstück der Pflanze. Die Knolle ist von länglicher Gestalt, etwa drei Zentimeter lang und mit braunen Schuppenblättern bedeckt.

Die zweite Phase

Jetzt stellt sich eine Frage. Wenn der Fruchtknoten mit seinen Samenanlagen in der Erde verborgen ist, was passiert dann mit den Samen? Sie können nicht im Boden reifen, das würde keinen Sinn machen. Es gibt nur wenige verrückte Pflanzen, bei denen genau dies geschieht. Eine von ihnen kennen wir alle aus der Adventszeit – die Erdnuss *(Arachis hypogaea)* bildet ihre Nüsse in der Erde. Die Blüten aber entwickeln sich ganz normal knapp über dem Boden; es sind die Fruchtstiele, die sich während der Fruchtreife nach unten krümmen und die Samen in den Boden bringen. Warum die Erdnuss dies tut, ist schwer zu sagen. In ihrem natürlichen Verbreitungsgebiet, den Anden Südamerikas, graben möglicherweise kleinere Säugetiere nach den Früchten und verbreiten so die Samen.

Die Herbstzeitlose gehört aber nicht zu diesen Ausnahmen, und ihre Samen werden ganz normal über dem Boden verstreut. Dazu bedarf es aber eines Umbaus der Pflanze. Ist die Blüte bestäubt und befruchtet, tritt die zweite Phase des jährlichen Schauspiels ein. Jetzt erst wächst ein Stängel aus der Knolle heraus und schiebt die noch grüne Fruchtkapsel durch das Erdreich nach oben, ans Licht und an die Luft. Mit dem Stängel erscheinen auch die breiten Blätter, die 40 Zentimeter Länge erreichen können. Die Herbstzeitlose sieht nun ganz anders aus und ist vor lauter Grün im grünen Gras kaum mehr zu erkennen. So wechselt die Pflanze regelmäßig ihr Erscheinungsbild.

Zur Reifezeit im Frühsommer werden die Kapselfrüchte braun und reißen auf, um die kleinen runden Samen freizugeben. Sie werden von Ameisen und Säugetiere verschleppt, aber auch durch Wind und Regen ausgebreitet.

Die Herbstzeitlose braucht Zeit

Ich nehme meine ausgegrabene Pflanze und messe die Distanz zwischen den Narben in der Blüte und dem Fruchtknoten. Ich komme auf 34 Zentimeter. Diese Strecke muss der Pollenschlauch zurücklegen! Landet ein Pollenkorn auf der klebrigen Narbe und ist damit die Bestäubung vollzogen, keimt das Pollenkorn, und der Pollenschlauch beginnt sich einen Weg durch den Griffel zu bahnen, hinab zu den Samenanlagen mit den Eizellen im Fruchtknoten. Das ist bei jeder Blüte so. Bei einer Kirschblüte braucht der Pollenschlauch nicht lange, um zum weiblichen Geschlecht vorzudringen, er muss nur eine kurze Distanz überwinden. Bei der Herbstzeitlosen aber dauert der Vorgang. Es dauert Wochen, vielleicht sogar Monate, bis die Spitze des Pollenschlauches endlich ihr Ziel erreicht hat. Die eigentliche Befruchtung der Eizelle findet bei der Herbstzeitlosen daher im Winter statt, im Schutz der Erde, wenn Schnee und Frost oberirdisch jegliche Lebensvorgänge unmöglich machen.

Auch die Fruchtreife dauert. Die Kapseln öffnen sich erst im Juni, zwischen dem Blühen und dem Fruchten verstreicht also mehr als ein halbes Jahr. Warum dieser sonderbare Lebensrhythmus? Das hängt sicher mit der Verlagerung des Fruchtknotens in den Boden und der Blütezeit im Herbst zusammen. Gut Ding will Weile haben, und die Befruchtung benötigt bei dieser

Pflanze viel Zeit. Im Winter aber macht es keinen Sinn, Samen feilzubieten, da ist es besser, die warme Jahreszeit abzuwarten. Möglicherweise zeigt die Herbstzeitlose mit ihrer Lebensweise eine besondere Anpassung an ein kaltes und wintertrockenes Klima. Letztlich wissen wir es nicht und können nur Vermutungen anstellen.

Die Herbstzeitlose sticht auch aus einem anderen Grund hervor. Er hat mit den Inhaltsstoffen der Pflanze zu tun.

Eine Giftpflanze

In Hamburg ist der Botanische Sondergarten Wandsbek immer einen Besuch wert. Die Bänke laden zum Verweilen ein, und in den gepflegten Beeten und Anlagen wachsen Sträucher, Zwiebelpflanzen, Bäume und Giftpflanzen. Und seit 2005 ruft der Garten die Giftpflanze des Jahres aus. Im Jahr 2010 erhielt die Herbstzeitlose diese Ehrung – aus gutem Grund! Alle Teile der Pflanze, von den Blüten bis zu den Blättern und Samen, sind giftig. Daher trägt die Pflanze auch Volksnamen wie Giftkrokus, Leichenblume oder Teufelswurz.

Es kommt immer wieder zu fatalen Verwechslungen der Herbstzeitlosen mit dem Bär-Lauch. So lautet eine Notiz des »Hamburger Abendblattes« vom 22. April 2009: »München. Ein 70-Jähriger aus Bayern ist an den Folgen einer Vergiftung mit Blättern der Herbstzeitlose gestorben. Er hatte die giftige Pflanze mit Bärlauch verwechselt und in großen Mengen verzehrt.«

In der Blattphase sieht eine Herbstzeitlose einem Bär-Lauch *(Allium ursinum)* durchaus ähnlich. Allerdings wächst Bär-Lauch kaum auf einer Wiese, und seine Blätter haben einen Stiel, im Gegensatz zu den Blättern der Herbstzeitlose. Beim Zerreiben des Bär-Lauchs kann man zudem den typischen Knoblauchgeruch wahrnehmen. Auch für Weidetiere ist die Herbstzeitlose giftig, für Pferde und Kühe ist sie gefährlicher als für Schafe und Ziegen.

Ursache der Giftigkeit ist das Alkaloid Colchicin. Die Samen und Wurzeln weisen einen besonders hohen Gehalt dieser Substanz auf, die in den Zellstoffwechsel eingreift und zum Absterben von Gewebe führt. Entdeckt wurde das Colchicin durch den deutschen Chemiker und Pharmazeuten Philipp Lorenz Geiger (1785–1836), der es aus den Samen isolierte. Lange Zeit blieb die Struktur des komplex aufgebauten Moleküls unbekannt, wahrscheinlich gelang es deswegen erst um 1959, Colchicin synthetisch herzustellen. Der Schweizer Chemiker Albert Eschenmoser und seine Mitarbeiter führten die Totalsynthese an der ETH Zürich durch.

Giftpflanzen sind oft auch Heilpflanzen, denn in geringer Dosis entfalten die Wirkstoffe heilende Kräfte. Schon im Mittelalter diente Herbstzeitlosepulver zur Behandlung von Hautgeschwüren. Ein Absud der Knollen und Blüten wurde früher als Läusemittel bei Kindern gebraucht. Auch heute noch gilt Colchicin als ein bewährtes Mittel gegen akute Gicht.

STRÄUCHER

Sträucher und Bäume werden als Gehölze oder Holzpflanzen bezeichnet, weil sie festes Holzgewebe bilden können. Ein Strauch hat weder einen dicken Stamm noch eine deutlich abgesetzte Krone wie ein Baum, sondern besteht aus mehreren dünneren Stämmen. Diese leben kürzer als die gesamte Pflanze und werden durch neu heranwachsende Stämme abgelöst. Die meisten Sträucher werden zwischen einem halben Meter und fünf Metern hoch.
Manche Sträucher bleiben niedrig wachsend, dann gelten sie als Zwergsträucher. In den Alpen kommen auch Polsterzwergsträucher oder Spaliersträucher vor, dessen Stämmchen sich eng dem Boden anschmiegen. Der Übergang von Strauch zu Baum ist fließend.

Unauffällig am Waldrand

Gewöhnlicher Haselstrauch
(Corylus avellana)

Im Februar ist noch nicht viel los in Sachen Wildblumen. Schnee hingegen liegt keiner mehr im Perlenbachtal unweit der Grenze zu Belgien im Nationalpark Eifel. Die Laubbäume und Sträucher sind um diese Jahreszeit alle noch kahl. An Waldrändern entdecke ich aber blühende Haselsträucher.

Von allen wild wachsenden Sträuchern gehört der Haselstrauch sicher zu den bekanntesten. Aber man kann ihn leicht übersehen, denn er hat weder farbige Blüten noch besonders auffallende Früchte. Der mehrstämmige Strauch wird zwei bis sechs Meter hoch und zeichnet sich durch lange Schösslinge aus, die am Grund eines Stammes entstehen und im ersten Jahr zu mehrere Meter langen Ruten heranwachsen. Erst im zweiten Jahr verzweigen sie sich. Die eiförmigen Blätter erreichen bis zu zwölf Zentimeter Länge, und an ihrer typischen Gestalt erkennt man den Haselstrauch sofort. Nicht nur wegen der deutlich hervortretenden Blattnerven auf der Blattunterseite, auch der stark gezackte Blattrand ist ein eindeutiges Merkmal. Zudem läuft das Blatt in einer Spitze aus.

Der Haselstrauch wächst gerne an lichtreichen bis halbschattigen Stellen, an Waldrändern oder in Waldlücken, in Hecken, an Wegrändern und in Gebüschen aller Art. Er bevorzugt einen gut durchfeuchteten und nährstoffreichen Boden. Er ist eine von sechzehn Arten der Gattung *Corylus,* die auf der gemäßigten Zone der Nordhalbkugel verteilt sind. Die Lamberts-Hasel *(Corylus maxima)* aus der nordwestlichen Balkanhalbinsel ist als Ziergehölz und als Hauptlieferant der Haselnüsse in unseren Läden von großer Bedeutung; auch Hybride zwischen dieser und der einheimischen Art finden Verwendung. Haselsträucher sind Birkengewächse, jene Familie, die viele bedeutende Laubbäume wie Birken, Erlen und Hopfenbuchen hervorgebracht hat.

Ein Frühblüher

Als windbestäubter Strauch braucht der Haselstrauch weder farbige Kronblätter noch einen Duft, denn er ist nicht auf Insekten als Bestäuber angewiesen. Die unscheinbaren Blüten sind eingeschlechtig, männliche und weibliche Blüten unterscheiden sich stark voneinander, sitzen aber auf demselben Strauch. Die weiblichen Blüten zeigen sich als Büschel rötlicher Fäden, die aus Knospen herausschauen und die Narben der Fruchtknoten sind. Bis zu zwölf weibliche Blüten verstecken sich dicht zusammengedrängt in solch einer Knospe, und alle halten sie, Antennen gleich, ihre klebrigen Narben an die Luft, um ein paar der herumfliegenden Pollenkörner aufzufangen. Mich erinnern die weiblichen Blüten des Haselstrauchs unweigerlich an Seepocken, jene Krebstiere, die in einem kleinen Kalkkegel auf Küstenfelsen leben und mit ihren Fangarmen Kleinstlebewesen aus dem Meer herausfischen.

Der Pollen entsteht in rauer Menge in den männlichen Blüten, die in langen Kätzchen untergebracht sind. Diese »Lämmerschwänze« erreichen acht Zentimeter Länge und fallen durch ihre gelbbraune Färbung auf. Ein einzelnes männliches Kätzchen bildet etwa zwei Millionen Pollenkörner, die durch den Wind verweht werden und für unangenehmen Heuschnupfen sorgen können. Weibliche Samenanlagen hat es bedeutend weniger, und so ergibt sich ein Verhältnis von etwa zwei Millionen Pollenkörnern für eine einzige weibliche Samenanlage. Für windbestäubte Gehölze ist das typisch, denn die Trefferwahrscheinlichkeit eines Pollenkorns – es soll ja auf der Narbe eines Artgenossen landen – ist sehr klein. Viele Laubbäume folgen demselben Prinzip, ebenso Nadelhölzer.

Bereits im Februar beginnt der Haselstrauch zu blühen, manchmal schon früher. Die Haselblüte läutet den Vorfrühling ein, und die Blüten erscheinen lange vor dem Laubaustrieb, lange bevor die Wachstumsvorgänge einsetzen. Ein solch früher Blühzeitpunkt erfordert gewisse Vorbereitungsarbeiten, damit alles ohne Verzögerung über die Bühne gehen kann. Die männlichen Blütenkätzchen werden daher bereits im Herbst des Vorjahres angelegt und verharren stark zusammengestaucht in den Wintermonaten. Ist die Zeit gekommen, strecken sich die Achsen der Kätzchen, und sie entfalten sich wie ein Fallschirm, der sich aufspannt. Die Pollensäcke platzen auf, und der Pollen wird fortgeschleudert.

Wertvolle Nüsse

Die Früchte des Strauches sind begehrt und unentbehrlich für feines Gebäck. Frisch vom Strauch gepflückt, sind sie eine willkommene Wegzehrung auf Herbstwanderungen. Die Nüsse reifen tatsächlich erst im September und Oktober, zwischen Blüte und dem Bereitstellen der Samen verstreicht also mehr als ein halbes Jahr. Warum blüht der Haselstrauch so früh und setzt so spät Früchte an? Schwer zu sagen, vielleicht nutzt der Strauch die frühe Jahreszeit zum Verstreuen des Blütenstaubs – eine Zeit, in der noch kein Laub den Pollenflug behindert.

Eine Nuss enthält meist einen einzelnen Samen, selten zwei, und man mag sich fragen, wie die natürliche Ausbreitung geschieht. Die glatten Früchte werden kaum am Fell eines Tieres hängen bleiben, und wenn sie zu Boden fallen, rollen sie vielleicht noch ein kleines Stück weg. Die wichtigste Ausbreitung dürfte durch Tiere bewerkstelligt werden, die Haselnüsse sammeln und als Vorrat verstecken. Einige der Früchte werden dabei stets vergessen und verbleiben im Boden, aus ihnen entstehen neue Haselsträucher. So wie bei den Bucheckern und den Eicheln, die von der Größe her etwa den Haselnüssen entsprechen.

Für uns sind Haselnüsse überaus wertvoll. Sie weisen einen hohen Proteingehalt auf und enthalten zu etwa 60 Prozent ein feines Öl, das nicht nur als Speiseöl Verwendung findet, sondern auch in Kosmetikprodukten und in Malfarben. Haselnüsse wurden nachweislich schon in der Steinzeit gesammelt, wie archäologische Funde belegen. Möglicherweise haben die Menschen des Neolithikums die Sträucher sogar kultiviert und in Form von Haselstrauchhainen angebaut.

Kinderstube für einen Käfer

Haselnüsse spielen für die heimische Tierwelt eine wichtige Rolle, und es sind nicht nur Nagetiere wie das Eichhörnchen oder Vögel wie der Eichelhäher, die sich für sie interessieren. Es braucht aber starke Zähne oder einen starken Schnabel, um die harte Schale zu knacken und an den Kern zu gelangen. So ist manchem kleineren Waldbewohner der Zugang zu den Nüssen verwehrt. Es sei denn, man besitzt andere Werkzeuge.

Ein kleiner Käfer namens Haselnussbohrer *(Curculio nucum)* weiß mit den harten Nüssen umzugehen. Der bräunlich gefärbte Käfer ist ein Vertreter der Rüsselkäfer, die sich durch einen langen Rüssel auszeichnen, der aber vollkommen steif ist. Also kein beweglicher Rüssel wie bei einem Schmetterling, sondern ein starrer Fortsatz des Insektenpanzers, der zwischen den schwarzen Augen wie eine lange Nase absteht und in einem schwachen Bogen nach unten gerichtet ist. Bei den Weibchen des Insektes ist er länger als der ganze Körper, der etwa sechs bis acht Millimeter misst. Am Ende des Rüssels befinden sich die eigentlichen Mundwerkzeuge des Tierchens, mit denen es Blätter frisst und hartschalige Früchte aufbeißen kann.

Der Haselnussbohrer braucht Haselnüsse, er hängt von ihnen ab und kann ohne sie nicht fortbestehen. Das wird erst klar, wenn wir uns an die Fersen eines Haselnussbohrers heften und ihm während eines Jahres folgen. Im Frühjahr verlassen die Käfer ihre Überwinterungsplätze, viele entspringen auch den verpuppten Larven, die ebenfalls überwintert haben. Die Käfer sind nun hungrig und suchen zarte Knospen und Blätter verschiedener Laubbäume und Sträucher. Sie verschmähen auch junge Früchte von Kirschen und Birnen nicht, mit ihrem Rüssel ist es für sie leicht, in das noch feste Samengewebe einzudringen. Die Hasel wird erst später gebraucht, nämlich im Laufe des Sommers. Dann bohren die Käfer junge Haselnüsse an, und jedes Weibchen legt ein Ei in eine unreife Haselnuss. Manchmal sind es auch gleich zwei oder mehrere. Die bald schlüpfenden Larven sind umgeben von Nahrung, sie brauchen lediglich das sie umgebende Nussgewebe zu futtern, um satt zu werden. Dem Haselstrauch gefällt dies freilich nicht, er wird die befallenen Nüsse fallen lassen, denn sie taugen nicht mehr zur Vermehrung des Strauches. Vom Zeitpunkt des Schlüpfens bis zum Herunterfallen der Nuss können ein paar Wochen verstreichen – Zeit genug, um aus der kleinen Made eine fette Larve werden zu lassen. Und dass die Hasel nun nicht mehr am Strauch baumelt, sondern auf dem Boden liegt, ist praktisch für sie. Die Larve braucht sich bloß einen Weg ins Freie zu beißen. Sie verzieht sich in den Boden, um dort zu überwintern, und wird sich erst im Laufe des nächsten Frühjahrs verpuppen, womit der Kreis geschlossen ist.

Die Weibchen des Haselnussbohrers akzeptieren keine anderen Früchte als Haselnüsse für ihre Larven. Hier liegt eine hochgradige Spezialisierung vor, die bei Insekten gar nicht so selten vorkommt. Auch viele Schmetterlingsarten bevorzugen ganz bestimmte Pflanzenarten zur Eiablage, wie wir bei den Stauden schon gesehen haben. Daher ist eine Vielfalt an Wildpflanzen so wichtig, einschließlich Bäumen und Sträuchern, damit die Insektenwelt mit ihren zahlreichen Nahrungsspezialisten fortbestehen kann.

Eichhörnchen und Haselmaus

Nagetiere wie Eichhörnchen können die Nüsse leicht knacken und sammeln sie gerne für ihren Wintervorrat. Auch die Haselmaus *(Muscardinus avellanarius)* hamstert die Früchte, und ich möchte ein Weilchen bei diesem bemerkenswerten und scheuen Tierchen bleiben.

Die Haselmaus ist kein Nagetier und auch keine Maus, sondern zählt zu den Bilchen. Sie ist die kleinste unter ihnen, die anderen Arten wie Siebenschläfer, Baumschläfer und Gartenschläfer werden alle größer. Ihnen allen gemeinsam ist der lange Winterschlaf, der bei der Haselmaus von Oktober bis April dauert.

Haselmäuse sind nachtaktiv und können kaum beobachtet werden, denn sie verbringen den Tag gut versteckt in einem Nest aus Laub und Gras, das sie in Baumhöhlen oder im Dickicht von Sträuchern bauen. Das helle ockerfarbene Fell lässt die Tiere förmlich aufleuchten, sollten sie sich mal bei Sonnenschein zeigen. An Kehle und Bauch hat es weiße Partien, und der Schwanz ist meist dunkel. Ein ausgewachsenes Tier wird etwa vierzig Gramm schwer und erreicht eine Körperlänge von etwa fünfzehn Zentimeter – einschließlich Schwanz. Haselmäuse klettern hervorragend, fühlen sich auch auf den dünnsten Zweigen sicher und verbringen die meiste Zeit des Tages in den Bäumen. Ihr Lebensraum sind dichte Gebüsche, Waldsäume und Laubmischwälder mit einem reichen Unterwuchs. Nur so hat sie genügend Versteckmöglichkeiten und findet genügend Nahrung. Außer den begehrten Haselnüssen stehen auf ihrem Speiseplan viele Knospen, Beeren und andere Früchte, Samen und Insekten. Im Sommer sind es vor allem Brombeeren, die von den flinken Tierchen aufgesucht und verzehrt werden.

Beim Öffnen einer Haselnuss wendet die Haselmaus eine ureigene Technik an. Statt die Nüsse aufzubrechen, sucht sie sich grüne Früchte und nagt in die noch nicht verholzte Schale ein kreisrundes Loch, um die Nuss auszuhöhlen. Liegen Haselnüsse mit solchen Fraßspuren auf dem Boden herum, ist das ein untrügliches Zeichen, dass es hier Haselmäuse in der Nähe gibt.

Der Hollerstrauch

Schwarzer Holunder

(Sambucus nigra)

Auf dem Weg zum Feldberg im Schwarzwald begegne ich einem stattlichen Strauch von mehreren Meter Höhe und großen, zusammengesetzten Blättern. Er ist schon fast ein Baum, der an der Holzwand eines Weilers steht. Jetzt im Juni hat der Schwarze Holunder alle seine Blüten geöffnet. Welch betörender Duft! Ein feiner und unverkennbarer Geruch, der Insekten zuhauf anlockt. Zahlreiche Fliegen und Käfer krabbeln auf den Blüten herum. Die weißen Blüten selbst sind klein, werden aber in tellergroßen und flachen Blütenständen zur Schau gestellt. Trotz des verlockenden Duftes bieten die Blüten kein bisschen Nektar an, und die Besucher sammeln lediglich den Pollen.

Die Blätter gehören mit einer Länge von bis zu dreißig Zentimetern zu den größten unserer Sträucher und setzen sich aus fünf elliptischen Teilblättern zusammen. Die graubraunen Zweige sind von warzenartigen Erhebungen übersät, den Korkporen oder Lentizellen. Die Öffnungen in der Rinde dienen dem Gasaustausch des lebenden Gewebes mit der Luft.

Holunder ist ein Vertreter der Moschuskrautgewächse, einer Familie mit nur 200 Arten weltweit. Namengebend für diese Familie ist eine zarte Frühjahrsblume in Laubwäldern, das Moschuskraut *(Adoxa moschatellina)*. Beim Verwelken soll sie schwach nach Moschus riechen. Zur Familie gehört auch der Wollige Schneeball *(Viburnum lantana)*, dessen Blätter durch ihre runzelige Oberfläche auffallen. Außer dem Schwarzen Holunder wachsen bei uns zwei weitere Holunderarten. Beim Zwerg-Holunder *(Sambucus ebulus)* bleiben die Zweige grün, statt zu verholzen, die Staude wird nur etwa anderthalb Meter hoch und kommt vor allem in mittleren Lagen in der Südhälfte Deutschlands vor.

Zwerg-Holunder wächst gerne auf frischen Waldschlägen und sonstigen lichten Stellen im Wald. Seine Früchte sind schwarz, im Gegensatz zur dritten Art, dem Roten Holunder *(Sambucus racemosa)*, der bildet rote Früchte und kugelige statt flache Blütenstände. Er wird längst nicht so groß wie der Schwarze Holunder, und die Blüten sind von grünlich gelber Farbe. Er besiedelt ähnliche Orte wie die anderen Holunderarten, kann aber auch auf Steinschutthalden angetroffen werden. So lassen sich die drei Arten leicht voneinander unterscheiden. Weltweit umfasst die Gattung *Sambucus* nur 22 verschiedene Arten.

Überaus häufig und oft kultiviert

Von allen Straucharten Mitteleuropas ist der Schwarze Holunder eine der häufigsten. Sein Verbreitungsgebiet erstreckt sich von Nordafrika bis ins südliche Skandinavien und von Westeuropa bis nach Kleinasien und Indien. Im deutschsprachigen Raum trägt er ganz unterschiedliche Volksnamen wie Fliederbeere in Norddeutschland oder Holler in Bayern und Österreich.

Der anspruchslose und robuste Strauch wächst in Hecken, feuchten Wäldern, an Ufern, auf Waldschlagflächen und Schutt-

plätzen, er gilt als Stickstoffzeiger. Er erträgt pralle Sonne genauso gut wie Halbschatten, ist frosthart und steigt in den Alpen bis auf etwa 1.500 Meter über dem Meeresspiegel. Er kann über zehn Meter hoch und etwa hundert Jahre alt werden. In der Eifel soll es einen Schwarzen Holunder mit einem Stammdurchmesser von anderthalb Metern geben.

Schwarzer Holunder wird schon seit langer Zeit vom Menschen kultiviert, daher trifft man ihn oft in der Nähe von Siedlungen an und fehlte früher in keinem Bauerngarten. In manchen Gebieten wird er heute wegen seiner Früchte sogar angebaut. So in der Steiermark Österreichs, da stehen Holunderbüsche in Reih und Glied. Es ist aber nicht die Wildform, die angebaut wird, sondern gezüchtete Sorten.

Wegzehrung für Vögel

Im August und September reifen die schwarzen Steinfrüchte an den Holundersträuchern, und damit setzt der Frühherbst ein. Zunächst sind die beerenartigen Früchte grün, dann rot, erst während der Reife erlangen sie die typische dunkle Farbe. Schließlich färben sich auch die Stiele rötlich. Die etwa erbsengroßen Früchte enthalten je drei Steinkerne und sehr viel saftiges Fruchtfleisch. Dieses ist reich an wertvollen Stoffen wie Vitamin C und Fruchtzucker. Die schwarzen Saftkugeln sind in erster Linie für Vögel interessant, und Ornithologen haben an Sträuchern des Schwarzen Holunders über sechzig verschiedene Vogelarten gezählt, die sich von den Früchten ernähren: Amsel, mehrere Arten an Drosseln und Grasmücken, Rotkehlchen, Grauschnäpper, Star und viele mehr, selbst Elstern und Eichelhäher verschmähen die Früchte nicht.

An dieser Stelle möchte ich etwas auf die Beziehungen zwischen Früchten und Vögeln eingehen, die genauso spannend sind wie die Beziehungen zwischen Blüten und Bestäubern. Die kleinen Früchte des Holunders sehen es darauf ab, von Vögeln verschluckt zu werden, und das Fruchtfleisch dient zur Anlockung. Die harten Schalen der Samen in den Früchten sorgen dafür, dass sie unbeschadet durch den Vogeldarm gelangen und ausgeschieden werden. Ein Vogel fliegt in der Gegend umher und breitet so die Samen aus. Biologen sprechen von Verdauungsausbreitung, die nicht nur bei Vögeln existiert, sondern auch bei Säugetieren und Reptilien.

Ob eine bestimmte Frucht für einen Vogel geeignet ist oder nicht, hängt von verschiedenen Dingen ab. Die Größe ist maßgebend, denn ein Singvogel macht alles mit dem Schnabel – die Frucht darf nicht zu groß sein; idealerweise kann sie als Ganzes verschluckt werden. Sie sollte auch leicht zu pflücken sein, d. h. mit geringem Kraftaufwand vom Stiel gelöst werden können. Vögel sind durchaus wählerisch, wie genaue Beobachtungen und Versuche gezeigt haben. So fanden britische Ornithologen, dass Stare und Singdrosseln eindeutig die Beeren des Schwarzen Holunders gegenüber den Früchten des Weißdorns bevorzugen, wenn den Vögeln beide Sträucher zur Auswahl stehen.

Schwarzer Holunder scheint ein idealer Vogelstrauch zu sein. Das liegt einmal an den eher kleinen, leicht zu pflückenden und leicht zu verschluckenden Beeren, zum andern an der frühen Reifezeit. Die Häufigkeit des Strauches und die üppigen Früchte tragen sicher auch zur Beliebtheit bei den Singvögeln bei. Der Fruchtansatz eines großen Holunderstrauches kann ohne Weiteres zwölf Kilogramm betragen, was in etwa hunderttausend

Holunderbeeren entspricht. Daher stellt er für viele Singvögel eine der wichtigsten Futterquellen im Spätsommer und Herbst dar, wenn es nicht mehr so viele Insekten gibt. Und die Früchte gehen im Nu weg, wie frische Semmeln, da bleibt nichts übrig. Bei anderen Gehölzen mit saftigen Früchten bleiben diese oft bis weit in die Wintermonate hängen, etwa bei Wildrosen oder dem Vogelbeerbaum. An Ligustersträuchern habe ich selbst im März noch Beeren gesehen.

Besonders für Zugvögel wie die Gartengrasmücke ist Holunder unentbehrlich. Bevor sie sich im September auf die lange Reise zu ihren Winterquartieren im tropischen Afrika macht, braucht sie sehr viel Nahrung, um genügend Fettreserven aufzubauen. Da kommen ihr die früh reifenden Beeren gerade recht.

Vögel agieren dabei als wichtige Agenten zur Ausbreitung der Holundersamen. Dank der festen Schale sind die Samen gut geschützt und werden unbeschadet ausgeschieden. Und der Holunder zeigt bilderbuchhaft, wie Pflanzen den Vögeln signalisieren, ob eine Frucht reif ist oder nicht. Das Heranreifen einer fleischigen Frucht geschieht nicht von heute auf morgen, das braucht eine gewisse Zeit. Dumm wäre, wenn die Früchte vorzeitig gepflückt werden, dann sind die noch nicht fertig gebildeten Samen verloren. Daher schalten die Früchte des Schwarzen Holunders von Grün auf Rot und erst dann auf Schwarzviolett. Unreife Beerenfrüchte sowie die Samen sind zudem giftig, da sie Blausäure freisetzende Verbindungen enthalten. Die Vögel wissen dies aufgrund von Erfahrung, denn der Verzehr unreifer Früchte tut ihnen gar nicht gut. So werden sie vom Strauch dirigiert und dazu angeleitet, sich nur an reifen Früchten zu bedienen.

Vielseitige Verwendungen

Auch für uns sind die Früchte wertvoll, sie werden aber erst nach dem Erhitzen genießbar. Der Saft lässt sich zu Sirup oder Gelee verarbeiten. Eine feine Spezialität Norddeutschlands und Dänemarks ist die Fliederbeersuppe, hergestellt aus dem Saft der Beeren und mit Apfelstücken und Grießklößen serviert. Schwarzer Holunder ist überhaupt eine äußerst vielseitig nutzbare Pflanze. Eine lange Tradition hat auch die Herstellung von Holundersirup aus den Blüten. In getrockneter Form finden sie für Holunderblütentee Verwendung, ein bewährtes Hausmittel bei Erkältungen. Die Früchte wurden früher auch zum Färben von Wolle und Leder gebraucht, heute erlangen sie als natürlicher Farbstoff für Lebensmittel wieder an Bedeutung.

Die jungen Äste des Schwarzen Holunders sind mit einem weißen und leicht herauslösbaren Mark angefüllt, und während meines Studiums konnte ich erfahren, wofür es gebraucht wird, nämlich als wichtiges Utensil für die Mikroskopiertechnik. Im Botanikpraktikum fertigten wir Dünnschnitte von allerhand Geweben an, Stängel- und Wurzelquerschnitte etwa, aber auch Blattquerschnitte, um den Feinbau unter dem Mikroskop studieren zu können. Dazu eignete sich Holundermark: Es wird gespalten, ein Stück Blatt eingeklemmt, und mit der Rasierklinge werden feinste Wurstscheiben abgeschnitten, die je einen Blattquerschnitt enthalten. Das braucht freilich Übung, damit die Schnitte auch wirklich dünn genug werden, um die Zellen zu sehen.

Das harte und feste Holz des Schwarzen Holunders wurde früher für Drechslereien und Kämme gebraucht. Schwarzer Holunder ist somit ein vielseitiger Strauch, der für uns, aber auch für die Natur unentbehrlich ist.

Schrille Früchte, exotische Familie

Europäisches Pfaffenhütchen

(Euonymus europaeus)

Besonders spannend ist der Strauch nicht gerade, selbst dann nicht, wenn er blüht. Ich stehe auf dem Kirchberg unweit von Potsdam, einem Aussichtspunkt mit der bescheidenen Höhe von 85 Metern über dem Meeresspiegel. Mein Blick schweift nicht über die Havel, sondern in die unmittelbare Umgebung. Liguster wächst hier, Eichen, Wald-Kiefern, Robinien und Besenginster. Etwas im Abseits steht ein Pfaffenhütchen. Jetzt, Mitte Mai, trägt der Strauch grünliche bis weißliche Blüten. Sie fallen kaum auf, nur aus der Nähe erkenne ich vier schmale Kronblätter, die einen kugeligen Fruchtknoten umgeben. Die Zahl Vier herrscht beim Pfaffenhütchen vor, jede Blüte besitzt außer den Kronblättern vier Kelchblätter und vier Staubblätter. Der Nektar ist offen zugänglich, da er von einem dicken Ring um den Fruchtknoten abgegeben wird. Insekten aller Art suchen die Blüten gerne auf, besonders Ameisen, Fliegen und Schwebfliegen.

Das Laub ist ebenfalls nicht gerade Aufmerksamkeit erheischend. Die eiförmigen und spitzen Blätter erreichen etwa zwölf Zentimeter Länge, ihre Blattränder sind fein gesägt. Jeweils zwei

Blätter stehen sich am Zweig gegenüber. Was vielleicht auffallen mag, sind die grünen Zweige, die nicht verholzt sind wie bei anderen Sträuchern. Nur die älteren Äste und die Stämme nehmen eine graubraune Farbe an. Das Europäische Pfaffenhütchen erreicht drei bis vier Meter Höhe und wächst an lichtreichen Stellen an Waldrändern, in Hecken und in Auwäldern. Sind die Bodenbedingungen gut, entwickelt er sich zu einem kleinen Baum. Sein Verbreitungsgebiet reicht von Nordspanien bis Südskandinavien und ostwärts bis zum Kaukasus.

Außergewöhnliche Früchte

Das Aussehen des Strauches ändert sich dramatisch, wenn die Zeit der Fruchtreife gekommen ist. Jetzt sticht er ins Auge, schon von Weitem setzt er einen besonderen Farbakzent. Aus der Ferne könnte man ihn mit einer Hagebutte oder einem Weißdorn verwechseln, weil die Früchte des Pfaffenhütchens von ähnlicher Größe sind, wäre da nicht der andere Farbton. Das Pfaffenhütchen bildet rosarote Früchte, manchmal sind sie purpurrot, und sie wirken wie aus Wachs gemacht. Der Farbton ist ganz und gar ungewöhnlich bei den Früchten unserer einheimischen Gehölze, bei denen die meisten Beeren doch rot oder blau sind. Und die Früchte des Pfaffenhütchens sind auch nicht so rund geformt wie die des Weißdorns, sondern weisen vier oder fünf Kanten auf. Daher kommt auch der beinahe despektierliche Name des Strauches – die Fruchtkapseln sehen der Kopfbedeckung der Priester oder eben der Pfaffen ähnlich.

Die Früchte platzen schließlich auf, und der Strauch steigert sich dabei noch in seinem farbenfrohen Aussehen. Denn jetzt werden eiförmige Samen freigegeben, die nicht herausfallen, sondern, nach unten baumelnd, erhalten bleiben. Ein orangefarbener Samenmantel umgibt jeden Samen, glänzend und glatt, ein Markenzeichen des Pfaffenhütchens. Die Samen erreichen vier bis fünf Millimeter Länge und bleiben wochenlang am Strauch. Ich pflücke eine der Fruchtkapseln und kratze den Samenmantel auf. Er ist nicht dick, und darunter – welche Überraschung! – zeigt sich ein schneeweißes Samenkorn, nicht etwa braun wie bei den meisten anderen Beeren und fleischigen Früchten.

Die Farbkombination bei den Früchten des Pfaffenhütchens – rosa und orange – ist ziemlich einmalig in unserer Flora, es gibt nichts Vergleichbares. Das erstaunt gar nicht weiter, wenn wir die Familienzugehörigkeit des Strauches kennen.

Einheimisch und trotzdem exotisch

Das Pfaffenhütchen stammt aus einer bei uns seltenen Pflanzenfamilie, den Spindelstrauchgewächsen, die in Deutschland nur mit zwei einheimischen Arten vertreten ist. Neben dem Europäischen Pfaffenhütchen wächst auch noch das ähnlich aussehende Breitblättrige Pfaffenhütchen *(Euonymus latifolius)*. Freilich werden zahlreiche ausländische Arten als Ziergehölze gepflanzt, wie etwa die immergrünen Arten Kletter-Pfaffenhütchen *(Euonymus fortunei)* und Japanisches Pfaffenhütchen *(Euonymus japonicus)*. Die Gattung *Euonymus* umfasst weltweit rund 140 Arten, von denen die meisten in Asien heimisch sind.

Die Familie hat viele Sträucher und Kletterpflanzen hervorgebracht, sogar manche Bäume. Sie wird auch die Familie der Baumwürgergewächse genannt, und das klingt nicht gerade freundlich. Tatsächlich vermag eine Liane aus dieser Familie Bäume zu erdrosseln, sie wird daher auch Baumwürger *(Celast-*

rus orbiculatus) genannt. Das Verbreitungsgebiet des Baumwürgers liegt in China, Japan und Korea. Im Botanischen Garten Berlin steht ein prächtiges Exemplar, das dicke und verholzte Stränge um seinen Baum schlingt. Kleineren Bäumen vermag die Kletterpflanze durchaus den Saftfluss abzuschnüren, wie das bei anderen Lianen auch geschehen kann. Es ist der Druck auf den Baumstamm, der entsteht, wenn die Stränge des Baumwürgers immer dicker werden. Das drückt die Leitungsbahnen des Baumes zusammen, und es kann kein Wasser mehr durch den Stamm fließen. Im östlichen Nordamerika stellen verwilderte Vorkommen des Baumwürgers eine Herausforderung für den Naturschutz dar, da er in naturnahen Wäldern massenhaft vorkommt und die Bäume regelrecht zudeckt.

Mit 1.410 Arten weltweit sind die Spindelstrauchgewächse eine eher kleine Familie, die aber auf den gesamten Globus verteilt ist. Wenn ich oben erwähnt hatte, dass wir nur zwei einheimische Arten in der Familie haben, so muss ich mich gleich korrigieren: Inzwischen sind es drei Arten. Aufgrund neuerer Forschung in der Systematik zählt nun auch das Sumpf-Herzblatt *(Parnassia palustris)* zu den Spindelstrauchgewächsen. Das kann ich nicht nachvollziehen, muss ich gestehen, denn diese Moorpflanze gleicht in keiner Weise den anderen Mitgliedern der Familie.

Die Früchte und Samen des Pfaffenhütchens sind für Mensch und Säugetiere stark giftig, wie auch die ganze Pflanze. Einzig der orangefarbene Samenmantel ist für Vögel genießbar und attraktiv.

Vogelfutter

Für manche Singvögel stellen die Früchte des Pfaffenhütchens eine wichtige Nahrungsquelle dar, obwohl nur der orangefarbene Samenmantel verwertbar ist. Und dieser ist dünn, gibt also im Vergleich zur Größe einer Frucht nicht viel her. Andererseits enthält er viel Fett und Proteine, weitaus mehr als bei anderen Wildfrüchten wie Heidelbeeren oder den Beeren des Schwarzen Holunders. Die Samen des Pfaffenhütchens werden wie bei den anderen Pflanzen mit saftigen Beeren durch Vögel ausgebreitet.

In England hat das Vogelbeobachten, das »Birding«, eine lange Tradition, und die britische Ornithologin Barbara Snow (1921–2007) trug zusammen mit ihrem Ehemann David Snow genaue Beobachtungen zum Verhalten und zu den Fressgewohnheiten der Singvögel zusammen. So notierten sie, wer von welchem Gehölz die Früchte pflückt, und fanden beim Europäischen Pfaffenhütchen fünf Vogelarten, die regelmäßig dessen Früchte aufsuchten: Amsel, Kohlmeise, Mönchsgrasmücke, Rotkehlchen und Singdrossel – aber am häufigsten war das Rotkehlchen. Auch in Deutschland hatten Vogelkundige solche Beobachtungen machen können. Daher nannte man den Strauch in den 1950er-Jahren auch in manchen Gegenden »Rotkehlchenbrot«. Man sagt den Rotkehlchen übrigens nach, sie würden mit ihrem Schnabel die Samen so geschickt bearbeiten, dass der eigentliche Samen zu Boden fällt und nur der abgeschälte Überzug verspeist wird.

Rotes Laub und gutes Holz

Im Herbst geschieht noch etwas anderes mit dem Strauch. Das Laub verfärbt sich, und wie! Manche der Sträucher werden feuerrot, andere verbleiben in Gelbtönen, in jedem Fall nimmt das Laub einen starken Kontrast zu den Nachbarpflanzen und zu einem strahlend blauen Himmel ein. Dazu noch die exotischen Früchte – kein Wunder, dass Pfaffenhütchen so beliebte Ziersträucher sind.

Der Strauch heißt auch Spindelstrauch, wie die Familie, und das hat mit dem gelblichen Holz zu tun. Es ist hart, dauerhaft und eignet sich bestens für Drechselarbeiten. Früher wurde es zur Herstellung von Garnspindeln geschätzt, ebenso zur Herstellung von Schuhstiften, Pfeifenrohren und Zahnstochern. Ältere Sträucher des Pfaffenhütchens können ohne Weiteres einen Stammdurchmesser von zehn Zentimetern oder mehr erlangen, da gibt es reichlich Holz zur Verarbeitung. Da sich das Holz zu dünnen Stielen verarbeiten lässt, erlangte es auch als Putzhölzer in der Uhrmacherei an Bedeutung, um feine Lagerbohrungen zu reinigen, gleichsam technische Zahnstocher. In verkohlter Form liefert das Holz des Strauches eine wertvolle Zeichenkohle.

Auch anderweitig wurde der Strauch früher genutzt. Aus den getrockneten Früchten lässt sich ein natürliches Insektizid gewinnen; der Strauch hieß früher in der Schweiz daher auch »Lus-Beeri«, was so viel wie Läusebeere bedeutet. Eine Salbe aus Butter und den zu Pulver verriebenen Früchten diente als Mittel gegen Kopfläuse.

Wenn die Gespinstmotte am Werk ist

Manchmal fallen die Sträucher nicht wegen der Früchte oder des Laubes auf, sondern weil sie dicht mit Spinnweben eingedeckt sind. Dann wirkt der gesamte Strauch wie von einem silbrigen und lockeren Vorhangstoff überzogen. Besonders in einer klaren Nacht bei Vollmond lässt das fahle Licht die Gespinste geradezu gespenstisch erscheinen.

Hier sind aber keine Spinnen am Werk, sondern Gespinstmotten wie die Pfaffenhütchen-Gespinstmotte *(Yponomeuta cagnagella)*. Der braun und weiß gefärbte Nachtfalter ist in ganz Europa verbreitet; in Deutschland kann man ihn vor allem im Westen und Süden antreffen. Die etwa zwei Zentimeter langen Raupen überziehen Zweige und Stämme mit einem weißen Gespinst, um darunter in aller Ruhe den Strauch kahl zu fressen. Die Raupen treten massenhaft auf, ein Blatt nach dem anderen fällt ihnen zum Opfer, und gegen das Gift sind sie gefeit. Bald sieht solch ein befallener Strauch wie abgestorben aus – entlaubt und tot, nur die Raupen verpuppen sich in ihren Gespinsten und verwandeln sich in Motten. Einem gesunden Strauch macht dies trotz des dramatischen Schadbildes wenig aus. Er wird neues Laub bilden können und bald wieder Blätter tragen wie zuvor. Das Europäische Pfaffenhütchen vermag zudem aus Kriechsprossen wieder auszutreiben. Das Phänomen solcher Gespinste zeigt auch die Gewöhnliche Traubenkirsche *(Prunus padus)*, die ab und zu von einer anderen Art an Gespinstmotten befallen wird.

Bei Schmetterlingen und Vögeln beliebt

Schwarzdorn

(Prunus spinosa)

Im Rheintal zwischen Kleinkems und Efringen-Kirchen, ein kurzes Stück vor Basel, erheben sich Kalkfelsen von etwa 150 Meter Höhe über die Rheinauen. Diese Landesecke ist überaus spannend, geologisch wie botanisch. Vom malerischen Dorf Istein führt ein Weg zum Isteiner Klotz, einem markanten Felsen, an dessen Wand sich die St.-Veits-Kapelle schmiegt. Der Blick schweift über das Rheintal bis zu den Vogesen in Frankreich. In der Gegend hier wächst Trockenrasen mit seltenen Pflanzenarten wie Echtem Federgras *(Stipa pennata)*, Gewöhnlicher Kugelblume *(Globularia bisnagarica)* und dem Kugelköpfigen Lauch *(Allium sphaerocephalum)*. Gesäumt werden die Trockenrasen von Flaumeichenwäldern und Gebüschen mit Liguster, Schwarzdorn und ein paar anderen Sträuchern. Die vielen wärmeliebenden Pflanzen erinnern an mediterrane Gefilde.

Schwarzdorn ist ein dorniger und äußerst dicht wachsender Strauch, dessen Blüten vor den Blättern erscheinen. Die Blüten stehen dann so dicht an den Zweigen, dass sie die dunkelbraune Rinde förmlich zudecken. Das Laub des Schwarzdorns fühlt sich weich an, die Blätter werden etwa zwei bis fünf Zentimeter lang und sind am Rand fein gezähnt. Der sparrige Wuchs kommt durch die starke Verästelung zustande, wobei kurze Triebe beinahe rechtwinklig von den Ästen abstehen. Der Strauch, auch Schlehdorn oder einfach Schlehe genannt, erreicht meist eine Wuchshöhe von ein paar wenigen Metern. Die Blüten wirken auf Bienen und andere Besucher anziehend, zur Blütezeit summt es in den Schlehen, und es werden eifrig Pollen und Nektar gesammelt. Auch Schmetterlinge suchen die Blüten gerne auf.

Ein Rosengewächs

Mit dem Schwarzdorn bin ich bei den Rosengewächsen, einer Familie mit rund 2.800 Arten weltweit. Diese verteilen sich über den gesamten Globus, allerdings mit einem Schwerpunkt auf der nördlichen Halbkugel. Diese Familie ist für uns wegen der vielen Nutz- und Zierpflanzen von größter Bedeutung; am bekanntesten und beliebtesten sind sicher die Rosen, die alle zur Gattung *Rosa* gehören und im Zierpflanzenhandel für Millionenumsätze sorgen. Bei den wild wachsenden Rosen unterscheiden Botaniker rund 200 verschiedene Arten, von denen die meisten in Asien ihre natürliche Verbreitung haben. Hinzu kommen Tausende gezüchteter Sorten.

Schwarzdorn aber ist eine der rund 200 *Prunus*-Arten weltweit, und diese Gattung bereichert das Obstangebot auf unseren Märkten. Pflaumen, Aprikosen, Pfirsich, Kirschen – alle zählen botanisch zu dieser Gattung, ebenfalls die Mandelbäume. Ein paar wenige Arten kommen wild wachsend in Deutschland vor. Neben der Schlehe gehören dazu beispielsweise die Felsen-Kirsche *(Prunus mahaleb)*, die Gewöhnliche Traubenkirsche *(Prunus padus)*, und die Vogel-Kirsche *(Prunus avium)*. Die Späte Traubenkirsche *(Prunus serotina)* stammt aus Nordamerika und ist in weiten Teilen Deutschlands verwildert.

Ein wertvoller Pionierstrauch

Schwarzdorn braucht viel Licht und wächst am besten an sonnenverwöhnten Stellen. Der Strauch steigt kaum höher als etwa tausend Meter in den Alpen und Mittelgebirgen, er hält sich am liebsten in den wärmeren Tälern auf. Die Wuchsform des Schwarzdorns bezeichnen Ökologen als Wurzelkriechpionier, weil das flache, aber weitreichende Wurzelwerk zahlreiche Schösslinge bildet. Aus ihnen entstehen fortlaufend neue Büsche, und mit der Zeit ergibt sich ein undurchdringliches, dorniges Gestrüpp.

Schwarzdorn kann sich an ganz unterschiedliche Bodenbedingungen anpassen, seine Flexibilität ist geradezu erstaunlich. An Waldrändern mit gutem, lehmigem Boden wird er zu stattlichen Sträuchern und bildet ausgedehnte Hecken. Schwarzdorn wurde daher oft als Heckenpflanze gepflanzt, so auch in den sogenannten Wallhecken oder Knicken, die früher wichtige Elemente unserer Kulturlandschaft waren. Die langen Heckenzüge dienten als Feldbegrenzung, Windschutz und Schutz vor Wildtieren. Im Zuge der intensivierten Landwirtschaft verschwanden sie größtenteils, obwohl sie wertvolle Lebensräume darstellten. In Schleswig-Holstein aber sind die Knicks inzwischen gesetzlich geschützt und müssen aufrechterhalten werden. Schwarzdorn ist ein wichtiger Bestandteil dieser Wallhecken.

Auf steinigen und trockenen Böden wächst der Schwarzdorn wesentlich schlechter und verharrt oft in einer niedrigen Krüp-

pelform. Auch Verbiss durch Wildtiere kann zu solchen Formen führen. Im Extremfall nimmt ein Schwarzdornstrauch eine Zwergform an, die kaum höher als zwanzig Zentimeter wird.

Für Insekten stellt der Strauch eine wichtige Nahrungspflanze dar, nicht nur wegen der Blüten. Entomologen haben auf Schlehengebüsch die Raupen von rund 70 Schmetterlingsarten gefunden; unter anderen der Pflaumenzipfelfalter *(Satyrium pruni)*, der seine Eier bevorzugt auf Schwarzdorn legt. Auch der farbenprächtige Segelfalter *(Iphiclides podalirius)* benutzt in Mitteleuropa am liebsten die Schlehe für den Nachwuchs. An den felsigen Südhängen des Mittelrheins wird er regelmäßig beobachtet, und hier bevorzugt er vor allem die kleinwüchsigen Krüppelformen der Schlehe. Der Schmetterling mit einer Flügelspannweite von bis zu sieben Zentimetern gilt in Deutschland als stark gefährdet und ist aus vielen Regionen des Landes verschwunden. Nicht nur Schmetterlinge, sondern auch einige Käfer mögen die Blüten oder die Blätter der Schlehen, und der Schlehen-Blütenstecher *(Anthonomus rufus)* ist gar auf den Strauch spezialisiert und auf ihn angewiesen. Der Name ergibt sich aus dem Verhalten des Käfers: Die Weibchen stechen Blütenknospen an und verstecken darin ihre Eier.

Für Vögel spielt der Schwarzdorn ebenfalls eine wichtige Rolle. Schlehengebüsch ist für manchen Singvogel ein idealer Ort, um ein Nest zu errichten, das durch die dornigen Äste bestens geschützt ist. Da kann keine Elster sich vergreifen. Insbesondere der selten gewordene Neuntöter *(Lanius collurio)* ist auf die dichten Hecken angewiesen. Er schätzt sicher auch die dornigen Zweige, um seine Beute aufzuspießen, große Insekten, Jungvögel und Mäuse. Schlehen bieten den Vögeln aber noch mehr. Für mindestens zwanzig Vogelarten stellen die kleinen Früchte eine wichtige Nahrung dar, zumal sie lange an den Zweigen hängen bleiben, oft bis in den Winter hinein.

Der Schwarzdorn ist indes auch für uns interessant. Und nicht nur wegen seiner Früchte.

Vielseitig genutzt

Die kugeligen und blauschwarzen Früchte des Schwarzdorns reifen im Herbst und erreichen kaum zwei Zentimeter Durchmesser, auffallend ist der weißliche Wachsüberzug. Der hartschalige Kern wird von einem festen Fruchtfleisch umgeben, das sich nur schwer lösen lässt. Es enthält viel Vitamin C, zudem Fruchtzucker, Pektin und Gerbstoffe. Die Früchte sind roh kaum genießbar, sie schmecken sehr bitter und werden am besten erst nach Einwirkung von Frost gesammelt. Dann verlieren sie etwas an Bitterkeit, weil die Gerbstoffe abgebaut werden. Aus den Früchten lassen sich Marmelade und Likör herstellen, bekannt als »Schlehenfeuer«. Ein Tee aus den getrockneten Blüten gilt als blutreinigend, harntreibend und als Mittel gegen Rheuma.

Das Holz ist hart, eignet sich zum Schnitzen und fand früher Verwendung zur Herstellung von Spazierstöcken. Eine besondere Anwendung des Strauches hat viel mit der Salzgewinnung und der beginnenden Industrialisierung im 19. Jh. zu tun. Da lohnt ein Besuch in Bad Orb im waldreichen Spessart. Hier steht ein gewaltiges Gradierwerk, 1806 erbaut, 155 Meter lang und achtzehn Meter hoch. Ein riesiger Verdunstungskasten, über den die salzhaltige Sole des Thermalbades rieselt und sich dadurch die Salzkonzentration erhöht, da das Wasser verdunstet. Zudem fallen dabei der unerwünschte Kalk und Gips als Niederschlag aus, die Sole wird gereinigt. Das Holzgestell ist dicht mit Schwarzdornreisig bepackt, die sparrigen Äste galten bei den Erbauern als ideal, um das Wasser der Sole durch Wind und Sonne verdunsten zu lassen. Heute als Museumsstück und Kureinrichtung aufrechterhalten, war das Gradierwerk früher ein wichtiger Teil der Salzgewinnung. Erst die eingedickte Sole kam zu den Salzsiedereien, um schließlich das Salz zu gewinnen, das sparte viel Brennholz. Ich möchte aber nicht wissen, wie viele Schlehensträucher zum Füllen der Holzkonstruktion benötigt wurden, zumal die Reisige alle paar Jahre ausgetauscht werden mussten. Solche Gradierwerke stehen auch in anderen Orten, wo früher Salz gewonnen wurde.

Der richtige Umgang im Naturschutz

Schwarzdorn ist eine bedeutende Wildpflanze, wie die Beispiele oben gezeigt haben. Seine Neigung zum Sich-breit-Machen stellt aber manchmal ein Problem für den Naturschutz dar, denn die Verbuschung durch Schwarzdorn kann einen artenreichen Trockenrasen leicht in eintöniges Gebüsch verwandeln. Da bedarf es der Pflege durch den Menschen, um diese wertvollen Lebensräume aufrechtzuerhalten. Es braucht beides – offene Rasen und Gebüsch, einschließlich der Zwergwuchsformen des Schwarzdorns. Leider wurden früher schon manche der verkümmerten Schwarzdornbüsche aus Unkenntnis in Naturschutzgebieten entfernt.

Auch am Isteiner Klotz wird Schwarzdorn behutsam zurückgedrängt, sobald er überhandzunehmen droht. Nur so kann das Nebeneinander verschiedener kleinräumiger Lebensräume mit ihrer Artenvielfalt erhalten werden.

Platzende Blüten, knallende Früchte

Gewöhnlicher Besenginster

(Cytisus scoparius)

Schon von Weitem fallen die gelben Büsche auf, die am Rande eines lockeren Eichenwaldes stehen. Ein strahlend blauer Himmel überspannt die Landschaft an diesem sommerlich warmen Junitag in der Döberitzer Heide. Der ehemalige Truppenübungsplatz ist heute ein Naturschutzgebiet der Heinz-Sielmann-Stiftung in der Nähe Berlins. Es ist der Gewöhnliche Besenginster, der gerade blüht und hier überaus häufig auftritt.

Der Strauch hat etwas Südländisches an sich, er erinnert an mediterrane Landschaften, wo gelbe Ginsterbüsche, Zypressen, Lavendelfelder und Zitronenbäume die Kulisse bilden, hinter denen sich das blaue Meer bis zum Horizont erstreckt. Doch sind es andere Ginsterarten, die im warmen Südeuropa wachsen. Der Gewöhnliche Besenginster mag es lieber etwas feuchter und kühler, er ist eine ozeanische Art und vor allem in Westeuropa weit verbreitet. Auch in Deutschland fühlt er sich im feuchteren Westen besonders wohl. Im Sauerland, im Rheinischen Schiefergebirge und in der Eifel bildet er riesige Bestände, daher auch der Name »Eifelgold«. Auf extensiv bewirtschafteten

Weiden kann er dichte Gebüsche bilden, worauf der Volksname »Kühschoten« hinweist.

Der Strauch kommt aber auch mit trockenen Böden zurande und gehört zu den norddeutschen Heidelandschaften wie die Besenheide. Lang anhaltende Trockenheit und Hitze hingegen verträgt der Strauch nicht, er ist zudem frostempfindlich. Als lichtliebende Art wächst er auch an Waldrändern, in Waldlichtungen und ist ein typischer Begleiter lockerer und natürlicher Kiefernwälder der tieferen Lagen.

Außer dem Gewöhnlichen Besenginster wachsen bei uns zwei verwilderte Arten, der Vielblütige Besenginster *(Cytisus multiflorus)* und der Gestreifte Besenginster *(Cytisus striatus)*. Ein weiterer Vertreter der Gattung ist der Schwarzwerdende Geißklee *(Cytisus nigricans)*, ein einheimischer Strauch, der in der Norddeutschen Tiefebene weitgehend fehlt.

Die Gattung *Cytisus* ist weltweit mit 72 Arten vertreten. Eine prominente Art ist der weiß blühende und stark duftende Teide-Ginster *(Cytisus supranubius)* auf den Kanarischen Inseln La Palma und Teneriffa. Im Zierpflanzenhandel sind etliche Sorten an Besenginster erhältlich, mit rosaroten, hellgelben oder orangefarbenen Blüten und unterschiedlichen Wuchshöhen.

Schmetterlingsblüten

Jetzt zur Blütezeit bietet der Besenginster ein farbenprächtiges Bild. Tausende von gelben Blüten überziehen die Büsche, die ein bis zwei Meter hoch sind. Das intensive Gelb setzt einen besonderen Farbakzent in die sonst eher karge Landschaft. Die Blüten sehen wie bei einer Lupine oder einer Erbse aus, derselbe Aufbau, dieselbe Gestalt. Sie sind etwa zweieinhalb Zentimeter

lang und kompliziert aufgebaut, weil die fünf Kronblätter nicht gleich aussehen. Eines von ihnen bildet oben einen helmartigen Aufsatz, zwei kleinere flankieren diesen, und zwei sind verwachsen. Diese schauen als sogenanntes Schiffchen nach vorne, in ihnen befinden sich die Staubblätter und Fruchtknoten.

Ein solcher Blütenaufbau verrät die Familie der Hülsenfruchtgewächse oder Leguminosen, die früher auch als Schmetterlingsblütengewächse bezeichnet wurden. Es ist eine Pflanzenfamilie, die leicht zu erkennen ist und die zu den drei artenreichsten auf der Welt gehört. Mit rund 19.600 Arten nehmen die Hülsenfrüchtler den dritten Platz ein – an erster Stelle stehen die Orchideengewächse, gefolgt von den Korbblütengewächsen. Die Leguminosen erlangten für uns eine große Bedeutung, da sie wichtige Nahrungspflanzen beinhalten. Bohnen, Erbsen, Linsen, Sojabohnen und Erdnüsse werden wegen ihrer eiweißreichen Samen angebaut und tragen wesentlich zur Welternährung bei. Auch viele Bäume zählen zu der Familie – Akazien, Korallenbäume, Caesalpinien und viele mehr. Bedeutende Ziergehölze der Schmetterlingsblütler sind etwa Goldregen und Blauregen.

In Deutschland ist die Familie mit Dutzenden von Arten in etwa dreißig Gattungen vertreten. Zu den bekannten Pflanzen zählen Klee, Lupine, Wicken, Stechginster oder Platterbsen. Ein häufiger, aus Nordamerika stammender und verwilderter Baum ist die Robinie *(Robinia pseudoacacia)* mit intensiv duftenden weißen Schmetterlingsblüten.

Platzblüten

Die Blüten des Gewöhnlichen Besenginsters sind duftlos, und Nektar fehlt ebenfalls. Was mir bei den Sträuchern in der Heide auffällt, sind zwei gleichzeitige Zustände der Blüten. Bei vielen Blüten schauen die lang gestielten Staubblätter heraus, und das Schiffchen sieht aus wie aufgeplatzt. Bei anderen Blüten ist das Schiffchen hingegen geschlossen, und es zeigen sich keine Staubblätter. Tatsächlich hat der Besenginster einen merkwürdigen Mechanismus der Pollenübertragung auf die Bestäuber entwickelt. Meist suchen große Hummeln die Blüten auf. Die Staubblätter liegen zunächst im Schiffchen der Blüte verborgen, sie sind spiralig eingerollt und stehen unter Spannung. Übt eine Hummel durch ihr Suchen nach Nektar Druck auf das Schiffchen aus, platzt dieses an der Naht auf, und die Staubblätter schnellen wie durch eine Feder angetrieben heraus. Die Staubbeutel schlagen auf dem Insekt auf und der Blütenbesucher wird am Rücken sowie am Bauch eingepudert. Auch der Griffel mit der Narbe springt blitzschnell hervor. Beim weiteren Aufsuchen von Blüten bleibt ein bisschen vom Pollen an den Narben hängen, und die Blüte ist bestäubt.

Ich möchte den Vorgang jetzt sehen und suche geschlossene Blüten an den Sträuchern. Ich drücke vorsichtig auf das Schiffchen – und siehe da, flugs öffnet es sich, und die Staubblätter biegen sich pfeilschnell herab. Der Vorgang ist unumkehrbar, und wegen der Schnelligkeit wurden solche Blüten schon mal als Explosionsblüten bezeichnet.

Die Erstbesucher der Blüten, meist sind es Hummeln, gehen leer aus und werden betrogen. Der Pollen auf ihrem Rücken nützt ihnen nichts, sie können ihn nicht sammeln und ins

Nest bringen. Bereits geöffnete Blüten werden dann jedoch von Bienen, Schwebfliegen und Käfern besucht, die den Pollen sammeln.

Ein Rutenstrauch

Auffällig an dem Strauch sind die langen und grünen Triebe, die sich kantig anfühlen. Die dreiteiligen Blätter tragen einen feinen Besatz seidener Haare. Besenginster ist ein rasch wachsender Strauch. Schon im ersten Jahr kann er Triebe von knapp einem halben Meter Länge entwickeln, im zweiten Jahr verzweigt er sich und hat bald seine Wuchshöhe von ein bis zwei Meter Höhe erreicht. Im Boden entwickelt er eine kräftige und tief hinabreichende Pfahlwurzel.

Die dünnen Zweige des Strauchs sind grün und verraten die Anwesenheit von Blattgrün. Hier liegt ein Unterschied zu den meisten anderen Sträuchern vor, bei denen die Zweige braun und verholzt sind. Im Gegensatz zu ihnen vermag der Besenginster auch mit seinen Zweigen Fotosynthese zu betreiben, jenem geheimnisvollen Stoffwechselvorgang, bei der eine Pflanze aus Wasser und Kohlendioxid organischen Zucker produziert.

Daher ist der Besenginster ein sogenannter Rutenstrauch, und diese Wuchsform ist im Mittelmeerklima und im ozeanisch geprägten Seeklima Westeuropas überaus häufig. Dazu passt die Frostempfindlichkeit des Besenginsters. Bei starkem Frost stirbt er oberirdisch ab, treibt aber meist vom Grunde her wieder aus.

Der Strauch kann sogar auf Blätter verzichten, wenn es die Lebensbedingungen erfordern. Ist es zu trocken, wirft er die Blätter ab oder bildet erst keine. Dann besteht er nur aus den vielen langen Ruten, die sich in die Luft strecken und die Funktion der Blätter übernehmen. Der Name »Besenginster« hat mit diesen Ruten zu tun, denn früher dienten sie der Herstellung von Besen. Ohne Blätter sieht der Besenginster dem Pfriemenginster *(Spartium junceum)* sehr ähnlich, der im gesamten Mittelmeerraum häufig ist.

Ein Knallen im Hochsommer

Aus den Blüten entstehen braunschwarze Hülsenfrüchte mit je mehreren rundlichen und schwarzen Samen. Solch eine Frucht besteht aus zwei Hälften, die an den Nähten zusammengehalten werden, wie bei einer Bohnen- oder Erbsenschote. Die Wände der Früchte trocknen während des Heranreifens aus, und es entsteht eine innere Spannung. So kann es durchaus geschehen, dass in der Mittagshitze eines Sommertages die Büsche zu knallen beginnen: Die Früchte platzen auf, die Fruchtwände rollen sich blitzschnell zusammen und schleudern dabei die Samen mehrere Meter weit weg. Auf dem Boden werden sie auch von Ameisen fortgetragen, weil jeder Same mit einem ölhaltigen Anhängsel versehen ist.

Beim Drüsigen Springkraut habe ich Ihnen bereits einen ähnlichen Schleudermechanismus vorgestellt, nur bestehen dort die Fruchtwände aus lebendem Gewebe. Beim Besenginster sind die Fruchtwände trocken und tot; die Spannung entsteht durch verschieden ausgerichtete Faserlagen der Wände. Diesen Sachverhalt hatte der französische Botaniker, Chemiker und Ingenieur Henri Louis Duhamel du Monceau (1700–1782) erstmals erfasst.

Die Samen bleiben jahrzehntelang keimfähig im Boden. Sie brauchen Licht zum Keimen und werden durch Brand gefördert.

Ein Bodenverbesserer

Bauern wissen schon lange, dass gewisse Leguminosen in Symbiose mit besonderen Bakterien leben, den sogenannten Knöllchenbakterien. An den Wurzeln bilden sich Knöllchen, in denen die Mikroben untergebracht sind. Sie vollziehen einen Vorgang, zu denen Pflanzen nicht fähig sind: Sie verwerten den elementaren Luftstickstoff und wandeln ihn in stickstoffhaltige Salze um. Eigentlich erstaunlich, dass keine einzige Pflanze selbst dazu imstande ist, obwohl es siebzig Prozent Stickstoff in der Luft hat und dieses Element für Pflanzen unentbehrlich ist. Biologen sprechen von Stickstofffixierung, und entsprechende Bakterien leben auch frei im Boden und in Gewässern.

Die Gründüngung durch das Anpflanzen von Klee oder Luzerne nutzt das aus, und so gelangt Stickstoff in den Boden. Auch beim Besenginster bilden sich Knöllchen an den Wurzeln, die den Strauch mit Stickstoff versorgen. Das führt zu gutem Wachstum, und wenn im Herbst Blätter und Zweige abfallen und verrotten, gelangt der Stickstoff in den Boden. Daher wurde Besenginster früher in der Forstwirtschaft gepflanzt, um magere Sandböden aufzubessern. Das förderte das Wachstum der Kiefern und Fichten in den Forsten. Möglicherweise wäre der Gewöhnliche Besenginster in Nordostdeutschland gar nicht so häufig, wenn er nicht vom Menschen angepflanzt worden wäre.

Die Heide in Rosa

Besenheide

(Calluna vulgaris)

Von Schneverdingen in Niedersachsen führen mehrere Wege mitten durch die Lüneburger Heide. Es ist ein heißer Spätsommertag, und weite Teile der schwach hügeligen Landschaft erscheinen ganz in Rosa. Es blüht die Besenheide und bietet einen atemberaubenden Anblick. Rosa Teppiche wechseln sich mit vertrocknetem Gras ab, unterbrochen von Laubwald, Fichtenforsten und Mooren. Vereinzelte Birken und Kiefern stehen mitten im Blütenmeer, ebenso die säulenförmigen Wacholdersträucher. Eine seltene Stille umgibt mich, ein paar Vögel ziehen am Himmel vorüber. Man muss die Heideblüte erlebt haben, um den besonderen Reiz der Landschaft schätzen zu können. Es lohnt auch, den Blick nicht nur in die Ferne schweifen zu lassen, sondern sich die Heide aus nächster Nähe anzusehen.

Besenheide, auch Heidekraut genannt, mag es gesellig. Tausende der Pflanzen schließen sich zu einem dichten und durchgehenden Buschwerk zusammen und bilden einen Miniaturwald. Besenheide ist ein Zwerg von einem Strauch, ein Zwergstrauch, meist etwa einen halben Meter hoch. Verholzt und trotzdem niedrig wachsend – eine eher seltene Wuchsform bei unseren

Wildpflanzen. Die dünnen Stämmchen sind reich verzweigt, die Äste und Zweige durchdringen sich gegenseitig und bilden ein Dickicht, in welchem kaum eine andere Pflanze wächst. Auffallend sind die kleinen Blätter, mehr Schuppen als richtige Blätter, kaum länger als drei Millimeter. Sie sitzen dicht an dicht und dachziegelartig an den Zweigen. Auch die Blüten sind klein. Ich nehme meine Lupe hervor, die ich stets bei mir habe, und betrachte die Blüten aus der Nähe. Sie entpuppen sich als filigrane Glocken, aus denen ein Griffel herausschaut und in denen dunkelviolette Staubbeutel einen Kegel bilden.

Ein genügsamer Lebenskünstler

Auf dem sandigen Boden unter den kleinen Sträuchern liegen abgestorbene Zweigstücke und Blätter, die Streu. Rohhumus lagert sich hier ab, was die Etablierung anderer Pflanzen erheblich erschwert und dem Strauch schon mal den Ruf eines »Bodenverschlechterers« eingebracht hat. Die Besenheide ist ein anspruchsloses Gewächs mit einer erstaunlich großen Toleranz gegenüber den Wuchsbedingungen. Man findet sie nicht nur in der Heide, sondern auch am Rande von Hochmooren, wo es mitunter recht nass werden kann. Auch in Küstenheiden wächst sie, ebenso in den Alpen, wo sie bis über 2.500 Meter steigt. Sie mag sauren Boden, daher wächst sie in den Bergen meist nur über Silikatgestein. Bei guten Wuchsbedingungen kann der Strauch durchaus einen Meter hoch werden, meist bleibt er aber niedrig.

Zwergsträucher finden sich oft in Lebensräumen mit schwierigen Wuchsbedingungen. Hier in der Heide sind es die Trockenheit des Bodens und die Nährstoffarmut, die es für viele Pflanzen schwierig macht, Fuß zu fassen. Andere Lebensräume,

RM

in denen Zwergsträucher dominieren, sind etwa die kalte Tundra des hohen Nordens oder die oberen Höhenstufen der Alpen. Hier trifft man Zwergsträucher an wie die Gämsheide *(Kalmia procumbens)* und Zwergalpenrose *(Rhodothamnus chamaecistus)*. Und in den Dünentälern der Küste sowie in Moorheiden finden wir gelegentlich die selten gewordene Schwarze Krähenbeere *(Empetrum nigrum)*. Es ist kein Zufall, dass alle diese Gewächse und die Besenheide zu den Erikagewächsen zählen. Auf diese Familie gehe ich weiter unten näher ein.

Keiner der genannten Zwergsträucher aber tritt in solchen Maßen auf wie die Besenheide, vor allem in der Lüneburger Heide. Wie kommt das?

Die Heide, eine Kulturlandschaft

Das hat mit der Geschichte der Gegend und der Biologie des kleinen Strauches zu tun und dem Sandboden. Die Heide entstand unter starkem Einfluss des Menschen, namentlich durch Beweidung. Die natürliche Vegetation würde ganz anders aussehen: Ein lockerer Wald würde die Flächen einnehmen. An den trockenen Stellen stünde ein Flechten-Kiefernwald und an den feuchteren Stellen ein Buchenwald.

Der Sandboden geht auf die Eiszeiten zurück. Als sich die Gletscher allmählich zurückzogen, hinterließen sie eine dicke Schicht an Ablagerungen, die zunächst von Birken-Kiefernwäldern besiedelt wurden, die sich allmählich zu Eichenwäldern entwickelten. Bereits in der europäischen Jungsteinzeit vor etwa 5.000 Jahren entstanden durch intensive Beweidung der Wälder größere offene Flächen. Die eigentliche Umwandlung und Entstehung der heutigen Heide begann aber mit der Heidebauernwirtschaft ab dem Jahr 1000. Damit Getreide auf kleinen Äckern in einer Gegend mit solch armen Böden überhaupt angebaut werden konnte, wurden in der Umgebung größere Stücke der obersten Bodenschicht einschließlich der Wurzeln und niedrigen Pflanzen abgetragen und als Einstreu in die Ställe der Schafe gebracht. Angereichert mit dem Kot, kam er als Dünger wieder auf die Äcker. Diese Plaggenwirtschaft muss eine rechte Plackerei gewesen sein und für den Boden nicht gerade die beste Behandlung. Plaggenwirtschaft war indes in Nordwestdeutschland, Teilen Dänemarks und der Niederlande bis in die 1930er-Jahre eine gängige Praxis auf ackerbaulich nicht genutzten Flächen.

Die ohnehin unfruchtbaren Böden der geplaggten Flächen degradierten und wurden zu einem idealen Wuchsort für die Besenheide. Heute gilt die Lüneburger Heide als wertvolle Kulturlandschaft, und damals wie heute ziehen Heidschnucken umher. Die äußerst genügsamen Schafe sorgen dafür, dass keine Bäume aufkommen und die Heidelandschaft nicht verbuscht. Der Besenheide macht es nichts aus, wenn sie angeknabbert wird, denn sie bildet dennoch neue Triebe und gilt daher als beweidungsresistent.

In anderen Heidegebieten Norddeutschlands ist es weniger die Kultur als vielmehr das Militär, das die Landschaft offen hielt und sie zu einer Heide werden ließ. Viele ehemalige Truppenübungsplätze sind heute – zum Glück – wertvolle Heiden und Naturschutzgebiete, in denen viele seltene Pflanzen und Tiere leben. So auch die Naturlandschaft Kyritz-Ruppiner Heide in Brandenburg, wo die Besenheide ebenfalls die Szene beherrscht. Nun könnte man freilich einwenden, der natürlichste Zustand sei immer der beste. Also Wald statt Heide. Doch in Mitteleuropa gibt es kaum noch urwüchsige und unberührte Natur, wir leben in einer einzigen riesigen Kulturlandschaft. Und für den Erhalt einer reichhaltigen Natur mit einer hohen Artenvielfalt ist das Nebeneinander vieler verschiedener Lebensräume maßgebend, also Wald plus Heide.

Winzige Glocken

Trotz ihrer geringen Größe werden die Blüten der Besenheide gerne von allerhand Insekten aufgesucht, darunter Falter und Bienen. Die Kleinheit der Blüten wird schließlich durch ihre Vielzahl wettgemacht, und wenn das Heidekraut dicht an dicht steht, überzieht ein einziges Blütenmeer den Boden. Ein Segen für die Honigbiene, denn im Spätsommer und Frühherbst blühen nicht mehr so viele Wildblumen. Und für uns ist der Heidehonig ein Segen.

Eine ganze Reihe von Insekten sind mit der Besenheide assoziiert und brauchen den Zwergstrauch zum Leben. Ein ganz und gar ungewöhnlicher Bestäuber, der zur Blütengröße passt, ist ein Fransenflügler mit dem wissenschaftlichen Namen *Ceratothrips ericae.* Fransenflügler sind winzige Insekten, nur ein bis zwei Millimeter lang, deren Flügelränder mit Haarfransen besetzt sind. Man nennt sie auch Blasenfüße oder Thripse, und in Deutschland leben über 200 verschiedene Arten. Sie zeigen sich gelegentlich als winzige schwarze Striche, die in Blüten herumkrabbeln. Bei der oben erwähnten Art sind es die Weibchen, die in den Blüten der Besenheide nach Nektar suchen und dabei Pollenkörner verschleppen. Die Männchen besitzen keine Flügel und werden nur sehr selten beobachtet. Fransenflügler nutzen Blüten auch gerne, um sich vor Wind und Regen zu schützen.

Ein anderer seltener Blütenbesucher ist die Heidekraut-Sandbiene *(Andrena fuscipes)*, die in Mitteleuropa nur auf der Besenheide zu finden ist.

Sollten aus irgendeinem Grund Insektenbesuche gänzlich ausfallen und eine Bestäubung durch Insekten scheitern, tritt bei der Besenheide ein Sicherheitsmechanismus in Aktion: In solch einem Fall verlängern sich die Staubfäden, sodass die Staubbeutel aus den Blüten herausschauen und der Pollen durch den Wind verstreut wird.

Welche Insekten sind noch eng mit dieser Pflanze verbunden? Da sind das Heide-Grünwidderchen *(Rhagades pruni)* und die Raupen des metallisch glänzenden, blaugrünen Kleinschmetterlings; sie fressen auf Sandtrockenrasen und in Moorgebieten am liebsten an der Besenheide, sonst auf Schlehen und anderen Rosengewächsen. Auch die Heidekraut-Bunteule *(Anarta myrtilli)* braucht die Besenheide und andere Heidekrautgewächse zur Aufzucht der nächsten Generation.

Eine besondere Familie

Besenheide ist eine Angehörige der Heidekraut- oder Erikagewächse, eine vielfältige Familie mit über 4.000 Arten weltweit. Gartenfreunde kennen die Familie bestens, denn Azaleen, Erika, Rhododendren, Schnee-Heide und Lavendelheide sind allesamt Vertreter der Heidekrautgewächse, genauso wie Heidel- und Preiselbeeren.

Viele Arten der Familie sind an schwierige Bodenverhältnisse angepasst. Daher taucht auch das Wort »Heide« so oft in Zusammenhang mit den Heidekrautgewächsen auf. Viele Arten wachsen auf sauren und moorigen Böden, in trockenen Sandböden oder an felsigen Stellen – kurz, auf unwirtlichen und nährstoffarmen Böden. Hier kommt eine Eigenschaft vieler Erikagewächse ins Spiel, nämlich eine Symbiose mit bestimmten Pilzen, den Mykorrhiza-Pilzen, einzugehen. Diese Wurzelpilze verbinden sich mit den Pflanzenwurzeln und verbessern die Nährstoffversorgung der Pflanze ganz erheblich.

Die Besenheide ist die einzige Art der Gattung *Calluna,* ein Einzelfall, die Pflanze lässt sich keiner anderen Gattung zuordnen. Eine nahe verwandte Gattung ist *Erica* mit rund 860 Arten, von denen die meisten in Südafrika zu Hause sind. Bei uns zählen drei *Erica*-Arten zur einheimischen Flora, die häufigste ist die Glocken-Heide *(Erica tetralix)* im Norden des Landes. Ein paar wenige Exemplare habe ich in der Lüneburger Heide am Rande eines Moores angetroffen. In der Umgangssprache wird oft von »Erikablüte« gesprochen, wenn die Besenheide blüht, doch Erika hat im Gegensatz zur Besenheide nadelförmige Blätter.

Die bekannteste Gattung der Heidekrautgewächse ist *Rhododendron,* zu denen alle unsere Gartenazaleen gehören. Die meisten der rund tausend Arten wachsen in den asiatischen Gebirgen. Aber in unseren Alpen haben wir zwei einheimische Arten, die Bewimperte Alpenrose *(Rhododendron hirsutum)* und die Rostblättrige Alpenrose *(Rhododendron ferrugineum)*, die beide oberhalb der Waldgrenze ein Gebüsch bilden.

Die Besenheide ist eine besondere Pflanze aus dieser Familie und eine der häufigsten bei uns. Nirgendwo aber tritt sie so auffällig in Erscheinung wie in der Lüneburger Heide, jenem malerischen und melancholischen Landstrich, den etliche Dichter besungen und schon mal als »Rotes Meer« bezeichnet hatten.

BÄUME

Ein Baum ist eine Holzpflanze mit deutlichem Stamm und einer Baumkrone aus Ästen und Zweigen, die das Laub tragen. Die meisten Bäume haben einen einfachen Hauptstamm, es gibt jedoch Ausnahmen. Unter ungünstigen Bedingungen wachsen manche Bäume auch strauchförmig. Unsere heimischen Laubbäume sind alle sommergrün und winterkahl, da sie das Laub im Herbst abwerfen. Immergrün sind alle Nadelbäume mit Ausnahme der Europäischen Lärche, deren Nadeln im Herbst gelb werden und abfallen.

Manche Bäume vermögen nach Beschädigung des Hauptstammes Stockausschläge zu bilden. Zu ihnen gehören beispielsweise Erlen, Linden, Pappeln, die Robinie und Weiden.

Der Baum, der aus der Kälte kam

Gewöhnliche Fichte

(Picea abies)

Der schmale Bergpfad zur Brunnsteinhütte oberhalb von Mittenwald führt in Serpentinen den steilen Hang hinauf, mitten durch einen Wald. Schatten! Wie angenehm, denn die Julisonne brennt von einem wolkenlosen Himmel herab. Ich befinde mich etwa 1.200 Meter über dem Meeresspiegel, und der Wald hier besteht aus Fichten, großen und kleinen, die Stämme kerzengerade, die Kronen lang, schmal und spitz, die Zweige nach unten geneigt. An ihnen stehen die dunkelgrünen Nadeln nach allen Seiten ab. Auf dem Boden liegen Fichtenzapfen und Nadelstreu, dicke Moospolster decken den Boden zu, an anderen Stellen überwiegen Gräser oder Heidelbeersträucher mit Früchten, eine willkommene Wegzehrung auf der Wanderung.

In einem solchen Bergwald gehören Fichten zum natürlichen Baumbestand, sie bilden oberhalb von 800 bis 900 Metern über dem Meeresspiegel in den Mittelgebirgen sowie in den Bayerischen Alpen einen reinen Nadelwald. Fichten steigen in den Alpen bis zur Baumgrenze hoch, vereinzelte Bäume wachsen sogar noch auf 2.000 Metern.

Von allen heimischen Bäumen ist die Fichte oder Rottanne eine der höchsten, wenn sie sich frei entfalten kann. Dann erreicht ihr Stamm einen Durchmesser von etwa zwei Metern, und der Baum wird über fünfzig Meter hoch. Auch das Alter ist respektabel, solche Fichten können ohne Weiteres 600 Jahre erreichen. Übertrumpft wird die Fichte nur von der Weiß-Tanne *(Abies alba)*, die über sechzig Meter hoch und drei Meter dick werden kann. Die beiden Nadelbäume werden oft verwechselt, dabei sind sie ganz einfach zu unterscheiden: Bei der Fichte hängen die Zapfen nach unten, bei der Weiß-Tanne stehen sie aufrecht an den Zweigen. Zudem ist die Borke bei der Weiß-Tanne hellgrau und meist glatt, die der Fichte rotbraun bis grau und schuppig.

Von den Alpen bis zum Polarkreis

Das natürliche Verbreitungsgebiet der Fichte ist enorm groß und erstreckt sich über weite Teile Europas, allerdings mit Lücken. Es reicht von Norditalien bis nach Murmansk im hohen Norden, jenseits des Polarkreises, und vom westlichen Ende des Alpenbogens bis zum Uralgebirge in Russland. In Skandinavien sind ausgedehnte Fichtenwälder Teil des borealen Nadelwaldes, jener Waldgürtel der Nordhalbkugel, der ein beinahe durchgehendes Band von Europa über Russland bis Alaska und quer durch den nordamerikanischen Kontinent bis nach Kanada bildet. Die Gewöhnliche Fichte ist nur im europäischen Teil die dominierende Baumart, in anderen Teilen des Waldgürtels sind es andere Baumarten.

In tieferen Lagen Mittel-und Osteuropas würde die Fichte gänzlich fehlen, wäre sie nicht angepflanzt worden. In Deutschland würden sich ihre Vorkommen von Natur aus nur auf die höheren Lagen der Mittelgebirge und der Alpen beschränken. Der Grund sind die Ansprüche an die Lebensbedingungen. Fichten wachsen am besten in einem kühlen und feuchten Klima, und sie brauchen einen gut durchlüfteten und gut durchfeuchteten Boden. Staunässe vertragen sie nicht, auch Trockenheit mögen sie nicht – ein Umstand, auf den ich weiter unten etwas näher eingehen werde.

Naturnahe Fichtenwälder bieten einer ganzen Reihe von Vögeln einen idealen Lebensraum. Ein besonderer Geselle ist der Fichtenkreuzschnabel *(Loxia curvirostra)*, dessen Männchen durch ihr ziegelrotes Gefieder auffallen. Der Vogel ist auf die Zapfen von Nadelbäumen spezialisiert, denn mit seinen übereinandergekreuzten Schnabelspitzen kann er die Samen leicht aus einem Zapfen herausklauben. Tannenhäher und Schwarzspecht lieben die immergrünen Nadelwälder, ebenso das Auerhuhn *(Tetrao urogallus)*. Der fast truthahngroße und scheue Vogel ist durch Verlust geeigneter Lebensräume sehr selten geworden. Er braucht einen unberührten Wald ohne jegliche Störungen; ein genügend großer Bergwald kommt seinen Ansprüchen entgegen. In schneereichen Wintern ist das Auerhuhn auf Kiefern- oder Fichtennadeln als Nahrung angewiesen.

Gegen Kälte und Schnee gefeit

Fichten ertragen ein bitterkaltes Klima mit Wintertemperaturen weit unter null Grad. Die Frostresistenz des Baumes ist erstaunlich – auch minus sechzig Grad machen ihm nichts aus. Und dies, obwohl Fichten immergrün sind und die Nadeln das ganze Jahr über am Baum bleiben. Die Bäume machen im Win-

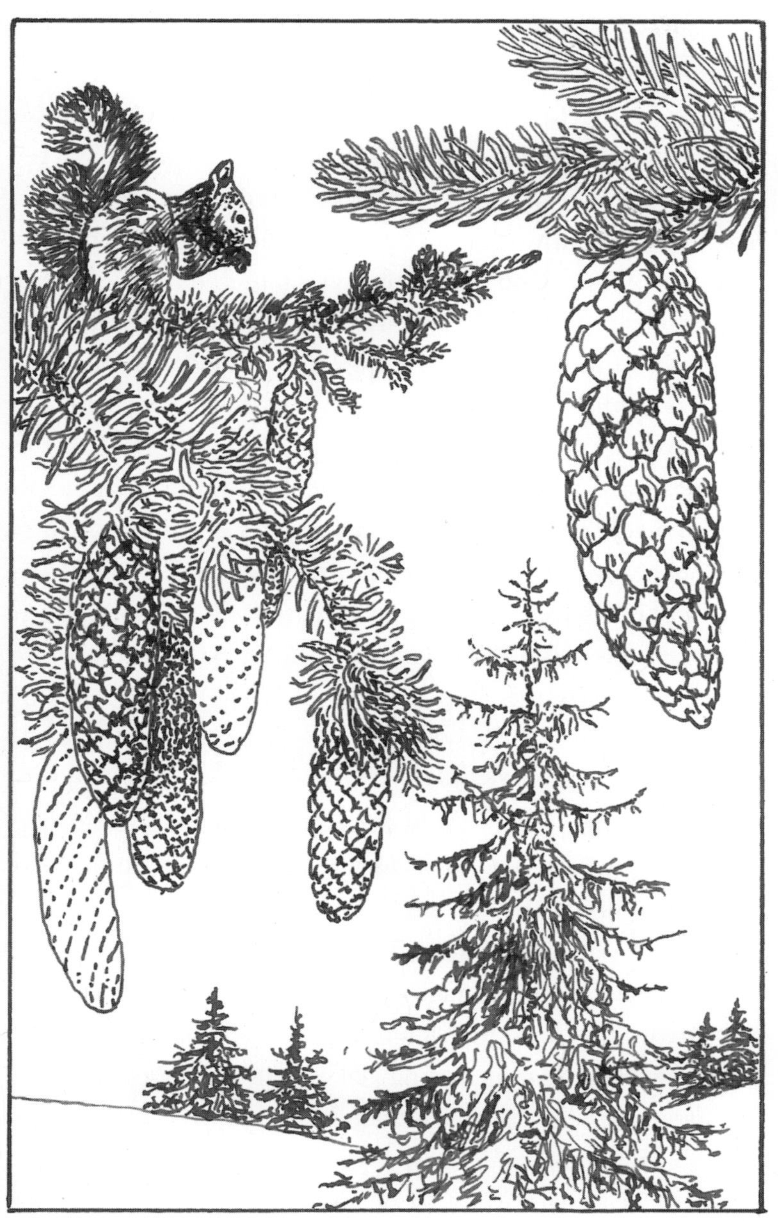

ter dennoch eine Ruhepause und fahren den Stoffwechsel beinahe vollständig zurück. Da gibt es keine Fotosynthese, das wäre bei Frost gar nicht möglich. Fichten passen sich an die Kälte an, indem sie während des Herbstes vermehrt Zucker im Gewebe einlagern. Das wirkt wie ein Frostschutzmittel und verhindert das Gefrieren des Wassers im Baum. Das Gefrieren ist schädlich, weil sich Wasser dabei ausdehnt und dadurch die Zellen zerreißen würden. Im Frühjahr geschieht das Umgekehrte – die Frostresistenz nimmt ab, wenn die Tage wieder länger werden. Da kann es schon vorkommen, dass ein Spätfrost einer Fichte arg zusetzen kann.

Die spitze Silhouette eines Fichtenbaumes und die herabhängenden Zweige gelten als Anpassung an schneereiche Winter. Der Schnee rutscht leicht von den Ästen herunter, und so kann eine große Schneelast gar nicht erst entstehen. All diese Eigenschaften zeigen, dass die Gewöhnliche Fichte auf Kälte und harte Winter eingestellt ist.

Das Fichtenproblem

Es gibt viel zu viele Fichten im Land. Wegen ihres raschen Wachstums hatten schon vor Jahrhunderten Förster und Waldbesitzer begonnen, Fichten großflächig anzubauen, auch weit außerhalb des natürlichen Verbreitungsgebietes. Fichtenholz ist begehrt, es findet im Bau und in der Verpackungsindustrie in Form von Brettern, Balken, Kisten und Paletten Verwendung. Im Möbelbau werden Spanplatten aus Fichtenholz gefertigt, und für die Papierherstellung ist Fichtenholz ein wichtiger Rohstoff. So ist der »Brotbaum der deutschen Forstwirtschaft« zur häufigsten Baumart in unseren Wäldern gemacht worden, auf Kosten naturnaher Laub- und Mischwälder. Wer im Schwarzwald oder in einem anderen Mittelgebirge in den tieferen Lagen durch Fichtenwälder wandert, erlebt einen unnatürlichen Ersatzwald, eine Fichtenplantage. Zugegeben, ich mag diese kühlen Wälder mit dem vielen Moos und den Pilzen, aber eigentlich sollten viel mehr Laubbäume vorhanden sein.

In Fichtenforsten stehen die Bäume dicht gedrängt beieinander, und eine solche Monokultur unterscheidet sich stark von einem natürlichen Fichtenwald. Die Bäume sind alle gleich groß und jung, da sie ja für die Holzgewinnung gefällt werden. Mehr noch, es fällt wenig Licht auf den Boden, auf dem sich dadurch kaum ein Unterwuchs entwickeln kann. Die vielen herabfallenden Nadeln bilden eine dicke Schicht aus Rohhumus und tragen zur Verschlechterung des Bodens bei; diese Nadelstreu ist nur schlecht zersetzbar.

Fichten wurden oft genug auf Böden gepflanzt, die für diesen Baum gar nicht geeignet sind. Die Bäume haben keine idealen Wachstumsbedingungen, was sie anfällig für Windwurf und den Borkenkäfer macht.

Wurzeln, Harz und Käfer

In Hinterzarten im Schwarzwald begegnete ich etwas außerhalb der Ortschaft einer umgestürzten Fichte. Das flache Wurzelwerk überragte mich an Höhe, bildete einen riesigen Wurzelteller wie der Fuß eines Weinglases. Der Wind konnte sie umkippen, weil sie nicht fest im Boden verankert war. Solche umgestürzten Fichten zeigen sich nach jedem größeren Sturm – besonders in Fichtenforsten. In einem natürlichen Fichtenwald mit alten und jungen Bäumen nebeneinander geschieht dies nicht, denn mit zunehmendem Alter bilden Fichten tiefe Senkerwurzeln, die mehrere Meter in den Boden reichen können. Das macht die Bergfichtenwälder an Steilhängen so bedeutend, sie wirken als Schutz vor Schnee- und Schlammlawinen. In einem natürlichen Fichtenwald stehen Jungbäume neben Altbäumen, die Alten schützen die Jungen durch ihre Standfestigkeit.

Wächst eine Fichte aber auf ungünstigem Boden, bleibt ihr Wurzelwerk flach, und das macht die Bäume anfällig für Windwurf. So ist es gar nicht weiter erstaunlich, dass Sturmschäden in Wäldern vor allem in Fichtenforsten auftreten. Dann werden die vielen umgekippten und gebrochenen Bäume zu einem gefundenen Fressen für den Borkenkäfer.

Von den 120 Arten an Borkenkäfern ist der Fichtenborkenkäfer oder Buchdrucker *(Ips typographus)* der am stärksten gefürchtete Schädling der Fichte. Die Männchen des kleinen dunkelbraunen Käfers suchen im Frühjahr geeignete Bäume auf und bohren sich in die Rinde. Danach locken sie Weibchen an, am Ende des Fraßganges kommt es zur Begattung, und die Weibchen bohren sich ihrerseits weiter. In den Muttergängen werden schließlich die Eier abgelegt. Die Larven und jungen Käfer fressen sich weiter durch den lebenden Teil der Rinde und verursachen das typische Fraßmuster mit den zahlreichen Gängen. Hier kommt nun eine wichtige Eigenschaft der Fichte zum Tragen. Bei gesunden Bäumen haben es die Käfermännchen viel schwerer, sich in die Rinde zu bohren, weil sofort Harz fließt und das Loch verstopft. Borkenkäfer bevorzugen daher gestresste, beschädigte oder bereits am Boden liegende Bäume, da der Harzfluss bei ihnen weitaus geringer ist. Hier kann er sich ungestört entfalten und vermehren. So führt das eine zum andern: Fichten an falschen Standorten macht die Bäume schwach, und Windwurf kann eine Massenvermehrung des Borkenkäfers auslösen. Aber nicht nur Wind, auch Trockenheit setzt den Fichten zu und macht sie anfällig. In den Jahren 2018 und 2019 hatten sich die Borkenkäfer vermehrt wie seit Jahrzehnten nicht, weil den Fichten die notwendige Feuchtigkeit im Boden fehlte.

Stürme, Trockenheit und Borkenkäfer wirken zusammen und können ganze Fichtenbestände dahinraffen. Ein dramatisches Bild – hektarweise tote Bäume mit nadellosen Skeletten. Die Natur aber vermag die Wunden zu heilen. Schon nach wenigen Jahren steht üppiger Jungwuchs auf den geschädigten Flächen. Sträucher und junge Bäume einschließlich Laubbäumen haben Fuß gefasst und wachsen heran. Man müsste der Natur Zeit geben und sie einfach mal machen lassen. Dann würden sich die Fichtenforste von alleine in naturnahe Mischwälder umwandeln.

Als Folge des Klimawandels wird es künftig ohnehin weniger Fichten geben, denn der Baum wird nicht mehr überall wachsen können. In der heutigen Forstwirtschaft gehen Förster bereits dazu über, die naturfernen Fichtenpflanzungen in naturnahe und artenreiche Mischwälder zu überführen. Das geht freilich nicht von heute auf morgen, und so werden uns Windwurfflächen und Borkenkäferkalamitäten noch eine Zeit lang begleiten.

Ein Baum mit vielen Gesichtern

Wald-Kiefer
(Pinus sylvestris)

Von allen heimischen Nadelgehölzen finde ich die Wald-Kiefer am eindrucksvollsten. Der rötlich braune Stamm flammt bei tief stehender Sonne regelrecht auf, die langen Nadeln und die so individuelle Gestalt der Bäume machen die Wald-Kiefer einzigartig. Kein Baum gleicht dem andern, von Kiefernforsten abgesehen. Mal wächst er als kerzengerade Stange in den Himmel, mal sieht er krumm und urwüchsig aus und trägt weit ausladende Äste. An guten Wuchsorten erreicht die Wald-Kiefer fünfzig Meter Höhe und einen Stammdurchmesser von einem Meter; dabei kann sie bis zu 600 Jahre alt werden. Mit zunehmendem Alter wird der Stamm einer Wald-Kiefer zweifarbig: Im unteren Teil ist die Borke rissig und besteht aus braunroten Schuppen, im oberen Teil zeigt sich die glatte und orangefarbene Rinde.

Die Wald-Kiefer nimmt ein riesiges Verbreitungsgebiet ein, das freilich durch den Einfluss des Menschen stark verändert wurde. Natürlicherweise finden wir die Wald-Kiefer von Nordspanien bis Skandinavien und ostwärts bis weit nach Sibirien. Im Norden ist der Baum Bestandteil der borealen Nadelwaldzone.

In Spanien und auf den Britischen Inseln wurden in den vergangenen Jahrhunderten aber natürliche Kiefernwälder großflächig gerodet, sodass der Baum dort nur noch in kleinen Restbeständen vorkommt.

Die Wald-Kiefer ist nur eine von vielen Kiefernarten, und es lohnt sich, ein wenig bei der Gattung *Pinus* zu verweilen. So manche der Kiefern wartet mit einer Überraschung auf.

Kiefernvielfalt

Kiefern bilden mit knapp 120 Arten weltweit die artenreichste Gattung aller Nadelhölzer. Mit Ausnahme einer einzigen Art liegen die natürlichen Verbreitungsgebiete aller Kiefern in den gemäßigten Zonen der Nordhalbkugel. In Nordamerika alleine wachsen 38 verschiedene Kiefernarten, einschließlich der größten Art, der Zucker-Kiefer *(Pinus lambertiana)*. Der Baum kommt in der Sierra Nevada im Westen des Kontinentes vor und wird bis zu 80 Meter hoch, allerdings nur bei optimalen Wuchsbedingungen. Seine Zapfen sind mit einer Länge von 30 bis 60 Zentimetern die größten aller Kiefernarten, sie hängen nach unten und stehen nicht wie bei den meisten anderen Arten aufrecht an den Zweigen. Der Name geht auf die starke Harzbildung zurück, die Zapfen wie Rinde an manchen Stellen glasig und wie von Zuckerguss überzogen erscheinen lassen.

Eine andere Kiefernart aus Nordamerika bietet einen weiteren Weltrekord. Die Zapfen der Coulter-Kiefer *(Pinus coulteri)* sind mit zwei bis drei Kilogramm Gewicht die schwersten aller Kiefern. Der Baum bewohnt die tieferen Lagen des südlichen Kalifornien und nördlichen Mexiko. Es empfiehlt sich nicht gerade, unter einer Coulter-Kiefer Picknick zu machen!

In Europa sind rund zwölf Arten an Kiefern heimisch, viele von ihnen wachsen in den warmen Mittelmeerländern, so die Aleppo-Kiefer *(Pinus halepensis)* und die Pinie *(Pinus pinea)*, deren Kronen auffallend breite Schirme bilden. Die essbaren Samen der Pinie spielen in der mediterranen Küche eine wichtige Rolle.

In Deutschland kommen außer der Wald-Kiefer zwei weitere wichtige Kiefernarten natürlicherweise vor. Die Zirbel-Kiefer oder Arve *(Pinus cembra)* wächst in den Alpen und ist an den Büscheln mit fünf Nadeln leicht zu erkennen. Die Nadeln der Wald-Kiefer stehen stets zu zweit beisammen. Ebenfalls eine Gebirgspflanze ist die strauchförmige Krummholz-Kiefer oder Latschen-Kiefer *(Pinus mugo)*. Kaum höher als drei Meter und mit niederliegenden bis aufsteigenden Stämmen und Ästen bildet die Latsche oberhalb der Waldgrenze ein dichtes Gebüsch auf steinigen Hängen, dem sogenannten Krummholz. Ein paar weitere Arten werden als Zier- und Forstbaum gepflanzt und verwildern zuweilen, wie die Weymouth-Kiefer *(Pinus strobus)* aus Nordamerika oder die Schwarz-Kiefer *(Pinus nigra)* aus dem südlichen Europa.

Ein genügsamer und flexibler Baum

Die Wald-Kiefer kann mit Weltrekorden nicht mithalten, dafür zeichnet den Baum eine andere Eigenschaft aus. Wenn wir die Wuchsorte der Wald-Kiefer vergleichen, können wir es ahnen. Denn es ist schon erstaunlich, dass der Baum einerseits an trockenen Felswänden wächst, wo er aus einer Ritze heraus einen verkrüppelten Baum bildet. Andererseits finden wir dieselbe Baumart auf sandigen und trockenen Böden, auf Dünen oder

am Rande von Hochmooren, wo er fast im Wasser steht. Diese Lebensräume sind so unterschiedlich und beweisen die unglaubliche Toleranz der Wald-Kiefer. Sie vermag die saure und nasse Umgebung eines Moores genauso zu ertragen wie eine heiße und trockene Felspartie. Kaum einer unserer Laubbäume zeigt eine solch breite ökologische Toleranz.

Die Wald-Kiefer ist anspruchslos, kommt mit wenig Wasser aus, braucht aber viel Licht. Sie könnte ohne Weiteres auf gut entwickelten Böden mit einer dicken Humusschicht wachsen, nur wird sie an solchen Orten von Laubbäumen verdrängt, allen voran von der Rot-Buche, die ich später vorstellen werde. Daher wächst die Wald-Kiefer dort, wo Laubbäume nicht gedeihen können und fernbleiben. Sie wächst, wo der Boden dürftig entwickelt und nährstoffarm ist, kurz – an Extremstandorten.

Die unterschiedlichen Wuchsorte sind auch der Grund für das vielfältige Erscheinungsbild der Wald-Kiefer, von kleinen Krüppelformen in Felsen bis zu Bäumen mit kurzem Stamm und ausladender Krone oder schlanken hohen Bäumen.

Kiefernwälder und Kiefernforste

Natürlicherweise und ohne Einfluss des Menschen wäre die Wald-Kiefer in Deutschland ein eher seltener Baum. Seine Vorkommen würden sich auf extreme Standorte beschränken, wie ich sie oben geschildert hatte. An diesen Standorten zeigen sich natürliche Kiefernwälder, die eine ganz besondere Ausstrahlung haben und je nach Region und Bodenverhältnissen einen unterschiedlichen Unterwuchs aufweisen. In der Vegetationskunde werden daher verschiedene Waldtypen unterschieden. So stehen in einem Flechten-Kiefernwald die Kiefern weit auseinander und formen einen lockeren Baumbestand. Bleichgrüne Flechten und dunkelgrüne Moose bedecken den Boden und bilden einen Flickenteppich, sonst gibt es kaum Pflanzen. Solche Kiefernwälder finden sich vor allem im Osten Deutschlands. An der Ostseeküste wagt sich die Wald-Kiefer auf den Dünen beinahe bis zum Meer vor und wächst oft mit der Krähenbeere zusammen.

In Norddeutschland gibt es jedoch ausgedehnte Kiefernbestände, die nicht natürlicherweise entstanden sind. Im Bundesland Brandenburg etwa bestehen rund siebzig Prozent der Waldfläche aus Kiefernforsten. Wer in einem solchen Forst umherspaziert, erkennt leicht die Monotonie des Produktionswaldes, der mehr einer Plantage als einem natürlichen Wald gleicht. Die Bäume stehen stramm in Reih und Glied, alle sind sie gleich alt und somit gleich groß, es gibt keine Individualität. Dadurch fehlt dem Wald etwas, das jeden natürlichen Wald auszeichnet und zur Artenvielfalt beiträgt: Struktur. Es macht einen großen Unterschied, ob der Baumbestand eines Waldes aus kleinen und großen, aus jungen und alten Bäumen besteht und ob Totholz – umgefallene Bäume und abgebrochene Äste – am Boden liegt.

Der großflächige Anbau der Wald-Kiefer in Norddeutschland begann im 18. Jh. und setzte sich im 19. Jh. fort. Gründe waren das rasante Bevölkerungswachstum und der damit verbundene Bedarf an Holz. Aber auch die aufkommende Industrie, insbesondere Metall verarbeitende Fabriken, Glashütten, Köhlereien und Kalkbrennereien, verbrauchten Unmengen an Bau- und Brennholz. Kurz und gut, die bestehenden Wälder wurden im 18. Jh. so stark übernutzt, dass sie degradierten und stellenweise waldfreie Gebiete in der Landschaft übrig blieben. Neben der Holzentnahme setzten auch die Waldweide und das Entfernen der Blattstreu den Wäldern zu, denn man ließ die Kühe in die Wälder, damit sie sich vom Laub ernährten, und die Streu wurde für Ställe und als Dünger gebraucht.

Angesichts der zunehmenden Verschlechterung der Wälder befürchtete man eine künftige Holznot, und es war klar, dass es neue Bäume brauchte. Die Wald-Kiefer als anspruchsloser Baum, der auf schlechten Böden gut wächst, kam da gerade recht. So wurde der Baum großflächig gepflanzt, und die vielen Kiefernforste sind Zeuge dieser waldbaulichen Maßnahmen.

Vom Kiefernforst zum Laubmischwald

Inzwischen hat sich das Blatt gewendet, und im Forstwesen setzt sich die Erkenntnis durch, dass die Kiefernforste besser in natürliche Laubmischwälder zurückverwandelt werden sollten. Wie jede Monokultur sind Kiefernforste anfällig gegenüber Schädlingsbefall, Witterungseinflüssen und Waldbränden. Angesichts des Klimawandels fordern Förster einen Waldumbau, eine Umgestaltung der Kiefernforste in einen mehr natürlichen Mischwald mit verschiedenen Laubbäumen wie Eiche, Rot-Buche, Ahorn und Linde. Laubbäume entsprechen der natürlichen Vegetation auf vielen der heutigen Kiefernforste und bringen etliche Vorteile gegenüber den Nadelbäumen: Das Laub führt zu einer stärkeren Beschattung des Waldbodens, was dessen Austrocknung herabsetzt und die Temperatur senkt. Das viele Laub fällt im Herbst zu Boden, verrottet und bringt Nährstoffe in den Boden.

Ein Waldumbau braucht aber Zeit. Kiefern müssen gefällt und Laubbäume gepflanzt werden, die Fläche muss durch Bejagen oder Einzäunen vor Wildverbiss geschützt werden. So kann ein naturnaher Wald entstehen, der mit der Unbill des Klimawandels besser zurechtkommt und dennoch Holz liefert.

So ist die Wald-Kiefer eng mit der Geschichte des Waldbaus in Deutschland verknüpft. Abgesehen davon, ist der Baum wegen seiner Biologie spannend, und einen der daraus folgenden Aspekte habe ich noch nicht erwähnt.

Blütenstaub im Überfluss

Wie bei jedem anderen Nadelgehölz werden auch die Blüten der Wald-Kiefer vom Wind bestäubt. Im Mai und Juni ist die Zeit gekommen, dann bildet eine Wald-Kiefer zweierlei Blüten, männliche Blütenkätzchen und weibliche Blütenzapfen. Die männlichen Blüten sitzen gut sichtbar an den jüngsten Trieben, sie fallen durch ihre hellgelbe Farbe auf, und zahlreiche Blütenkätzchen sind in einem Knäuel vereint. Sie bilden eine Unmenge an Blütenstaub, der vom Wind verfrachtet wird. Dann ziehen gelbe Staubwolken umher, und das Pulver lässt sich als »Schwefelregen« auf Autos, Gehsteigen, Waldwegen und Teichen nieder. Die scheinbar so verschwenderische Menge an Pollenkörnern hat einen guten Grund. Sinn und Zweck des Blütenstaubs ist ja, eine andere Blüte zu bestäuben, damit die Samenanlagen befruchtet werden. Wind ist aber – anders als die zielstrebigen Insekten – ein ziemlich unzuverlässiger Bote für das Übertragen des Pollens. Daher braucht ein Baum wie die Wald-Kiefer große Mengen an Blütenstaub, damit die Bestäubung erfolgreich ist. Schließlich ist die Wahrscheinlichkeit, dass ein Pollenkorn sein Ziel – eine weibliche Blüte – trifft, sehr gering und reine Glückssache. Die meisten Pollenkörner landen irgendwo anders, nur nicht auf einer weiblichen Blüte der Wald-Kiefer.

Die weiblichen Blüten entstehen in kleinen, roten Blütenständen am oberen Ende der jüngsten Triebe, der Blütenstand hat bereits die Form eines Zapfens. Vom Zeitpunkt der Bestäubung bis zur Samenreife verstreichen aber drei Jahre – die Wald-Kiefer lässt sich Zeit. Der weibliche Blütenstand wächst zunächst zu einem grünen und fest verschlossenen Zapfen heran, in dessen Innerem die Samen heranreifen.

Der geflügelte Baum

Berg-Ahorn
(Acer pseudoplatanus)

Von allen Laubbäumen in unseren Wäldern sind Berg-Ahorn und Spitz-Ahorn *(Acer platanoides)* am leichtesten zu erkennen und gehören für mich wegen des Laubes zu den schönsten. Die Blätter werden so groß wie eine Hand und bestehen aus drei großen und zwei kleinen Lappen. Während die Blattlappen beim Spitz-Ahorn in eine deutliche Spitze auslaufen, sind sie beim Berg-Ahorn rundlich, zeigen dafür aber einen deutlich gesägten Blattrand.

Mit einer Höhe von dreißig bis vierzig Metern ist der Berg-Ahorn die größte aller wild wachsenden Ahornarten bei uns. Der Baum kann 500 Jahre alt werden, und es dauert Jahrzehnte, bis er das erste Mal Blüten trägt. Manchmal verstreicht gar ein halbes Jahrhundert bis zum Ende der Juvenilphase; so bezeichnen Förster die Zeitspanne vom Keimen bis zur ersten Blüte eines Baumes.

Berg-Ahorn braucht einen guten, nährstoffreichen Boden zwischen seinen Wurzeln, genügend Feuchtigkeit und bevorzugt ein eher kühles Klima. Daher fühlt er sich in den höheren Lagen wohler als im Tiefland. In Norddeutschland würde er fehlen, wenn er nicht gepflanzt worden und verwildert wäre. Berg-Ahorn wächst in den Zentral- und Ostalpen sogar noch auf 2.000 Metern und steigt damit höher als die meisten anderen Laubbäume.

Der Baum vermag mit wenig Licht auszukommen und wächst gerne an schattigen Hängen, auf Geröllhalden und in Schluchten. An solchen Lagen bildet er zusammen mit der Esche *(Fraxinus excelsior)* märchenhafte Schluchtwälder mit Moosen auf den Ästen und einer üppigen Vegetation aus krautigen Pflanzen am Boden.

Die Ahorne der Welt

Insgesamt gibt es rund 160 verschiedene Arten an Ahorn, von denen fast alle natürlicherweise in den gemäßigten Zonen der Nordhalbkugel vorkommen. Nur eine Art mit immergrünen Blättern wächst in den Tropen Asiens auch südlich des Äquators. Asien ist die Hochburg der Ahornbäume – alleine in China kommen 96 verschiedene Arten vor, und manche Art erreicht im Himalaja Höhen von 4.000 Metern über dem Meeresspiegel. Nordamerika hat nur etwa zwölf Arten an Ahorn, und manche von ihnen tragen mit ihrem gelben und roten Herbstlaub zum berühmten »Indian Summer« bei. Viele Ahorn-Arten werden heutzutage aber weltweit kultiviert, da sie als Ziergehölze Eingang in Gärten und Parks gefunden haben.

Zur Flora von Deutschland zählen nur fünf einheimische Arten, in Europa sind es rund zwanzig einheimische Arten. Dazu gesellen sich ein paar verwilderte Arten aus Nordamerika und Asien. Welches sind die fünf einheimischen Arten? Außer dem Berg-Ahorn und Spitz-Ahorn sind dies der Schweizer Ahorn

(Acer opalus), der Französische Ahorn *(Acer monspessulanum)*, und der Feld-Ahorn *(Acer campestre)*. Letzterer hat kleine Blätter mit runden Lappen, was ihn von den übrigen Arten unterscheidet.

Ahornbäume zählen zu den Seifenbaumgewächsen, einer Familie mit etwa 2.000 Arten und vielen Bäumen. Tropische Früchte wie Litschi und Rambutan stammen aus dieser Familie, aber auch die Rosskastanie *(Aesculus hippocastanum)*.

Reiche Nektarquelle

Berg-Ahorn blüht im Mai. Dann hängen gelbgrüne Blütenbüschel an den Zweigen, wie die Trauben an einer Weinrebe. Jeder Blütenstand wird zehn bis fünfzehn Zentimeter lang. Die gelblich grünen Blüten fallen kaum auf, weil sie zusammen mit dem neuen Laub erscheinen, und die jungen Blätter mit ihrer hellgrünen Farbe kontrastieren kaum mit den Blüten. Beim Spitz-Ahorn hingegen erscheinen die Blüten vor dem Laubaustrieb.

Die Blüten des Berg-Ahorns wirken auf verschiedenste Insekten anziehend, denn sie bilden reichlich Nektar. Aus der Nähe sieht man glänzende Nektartröpfchen, die leicht zugänglich sind und einen hohen Zuckergehalt aufweisen. Ein einzelner Baum des Berg-Ahorns kann ohne Weiteres rund eine Million Blüten bilden. Kein Wunder, dass er begehrt ist: Honigbienen, Wildbienen und Fliegen bedienen sich gerne an den Blüten und sammeln auch den grünlichen Pollen. Auch gewisse Arten an Fransenflüglern hat man als Bestäuber beobachtet, was eher außergewöhnlich ist. Die winzigen Insekten sind sonst vor allem als Blattsauger bekannt.

Somit ist der Berg-Ahorn ein Baum, der von Insekten bestäubt wird. Das ist bei unseren Bäumen eher die Ausnahme, denn die meisten Arten werden vom Wind bestäubt. Pappeln, Birken, Eichen und alle Nadelhölzer wie Kiefern und Fichten nutzen die Lüfte, um ihren Blütenstaub auf andere Blüten zu bringen. Sie produzieren eine Unmenge an Pollen, was sich der Berg-Ahorn ersparen kann, denn die Übertragung mittels Insekten braucht viel weniger Pollenkörner.

Auch die anderen heimischen Ahornarten werden von Insekten bestäubt. Einzig der Eschen-Ahorn *(Acer negundo)* ist auf Windbestäubung eingestellt. Der Baum stammt aus Nordamerika und verwildert leicht; in manchen Gegenden ist er überaus häufig geworden.

Die Frucht, ein raffinierter Flugapparat

Die Früchte eines Ahorns kennt jeder, und was an den Zweigen der Bäume hängt, sind ausgefeilte Flugapparate. An jedem Samen ist ein Flügel befestigt, und jeweils zwei Samen sitzen Kopf an Kopf am Zweig. Diese Zwillingsfrüchte fallen auseinander, und die Samen werden sich einzeln vom Baum lösen. Oft genug aber findet man Doppelfrüchte am Boden, die sich Kinder früher als Nasenzwicker aufgesetzt haben. Die Zeit der Fruchtreife ist erst im Herbst, lange nach der Blüte im Mai. Damit verhält sich der Berg-Ahorn ähnlich wie die Hasel, weil eine geraume Zeit zwischen Blühen und Fruchtreife verstreicht.

Natürlich haben wir als Kinder Ahornfrüchte in die Luft geworfen und beobachtet, wie sie sich durch die Luft schraubten. Denn die Früchte des Berg-Ahorns fallen ja nicht einfach zu Boden, ihre Bewegung ist viel eleganter. Mit Drehungen wie bei einem Propeller sinken sie langsam nach unten, ihre Mechanik ist die der Drehschraubenflieger. Der Sinn ist derselbe wie bei den Schirmchenfliegern des Löwenzahns oder der Acker-Kratzdistel, gilt es doch, die Sinkgeschwindigkeit herabzusetzen und die Frucht möglichst lange in der Luft zu halten. Langsamkeit ist hier gefragt, nicht der Schnellste ist der Beste. Je langsamer eine Ahornfrucht zu Boden sinkt, desto weiter kann sie vom Wind fortgetragen werden, und beim Berg-Ahorn sind dies immerhin Distanzen von hundert Metern oder mehr.

Freilich spielt auch die Windgeschwindigkeit eine Rolle. Es ist vielleicht kein Zufall, dass die Zeit der Fruchtreife auf den Herbst fällt, und es ist sicher auch kein Zufall, dass die Früchte den ganzen Winter über am Baum bleiben können. Es muss schon kräftig wehen, damit die Früchte losgerissen werden. Der Baum erweckt den Eindruck, als setze er auf starke Winterstürme, die für weite Flugdistanzen sorgen.

Beliebte Zier- und Nutzpflanzen

In Gärten und Parkanlagen sind Ahornbäume häufig anzutreffen, und meist sind es fremdländische Arten, die gepflanzt wurden. Im Herbst sticht der Japanische Ahorn *(Acer japonicum)* besonders hervor, da sich sein Laub leuchtend rot verfärbt und einen ganz besonderen Farbakzent in den Garten setzt. Die filigranen Blätter tragen ebenfalls dazu bei.

Eine der bekanntesten Nutzpflanzen der Ahorne ist sicher der Zucker-Ahorn *(Acer saccharum)* aus Nordamerika. Sein Saft kommt als Ahornsirup in die Regale von Reformhäusern und Supermärkten. Ein amerikanisches Frühstück mit Pancakes und Ahornsirup ist köstlich! Der Sirup ist der eingedickte Saft, der aus dem Baum rinnt, wenn man ihn anzapft. Die Gewinnung ähnelt stark dem Sammeln des Latex an Gummibäumen. Zucker-Ahorn ist saftreich, und der Saft in seinen Leitungsbahnen enthält Zucker. Allerdings braucht es enorme Mengen an frischem Baumsaft: Für einen Liter Ahornsirup werden 30 bis 50 Liter Baumsaft gezapft. Früher wurde auch bei uns der Saft des Berg-Ahorns gesammelt und zur Zuckergewinnung genutzt, so auch während des 1. Weltkriegs.

Die größte Bedeutung des Berg-Ahorns als Nutzpflanze liegt aber in seinem Holz.

Wertvolles Holz

Das Holz des Berg-Ahorns und ein paar anderer Ahornarten ist wegen der schönen Maserung für den Möbelbau und für Parkettböden begehrt. Aber nicht nur Tische und Regale werden aus Ahornholz gefertigt, sondern auch so unterschiedliche Gegenstände wie Fleischklopfer, Kochlöffel, Hammerstiele und Geigen. Ja, Berg-Ahorn tritt regelmäßig in Konzerten auf. Wenn etwa Beethovens 5. Sinfonie erklingt, schwingen die Resonanzböden der Streichinstrumente im Takt mit, denn sie sind aus Ahornholz gefertigt. Auch für andere Teile wie die Hälse von Geigen, Violinen und verwandte Instrumente sowie für Flöten und andere Blasinstrumente benutzen Musikinstrumentenbauer gerne Ahornholz, heute wie früher, Berg- wie Spitz-Ahorn. Ein Geigenbauer erklärte mir dabei ein interessantes Detail: »Dabei wird bevorzugt der bosnische Berg-Ahorn verwendet. Diese Bäume wachsen in Bosnien meist auf kargen Böden, die das Wachstum verlangsamen und die Baumnahrung einschränken. Durch diese

Faktoren wird der bosnische Ahornstamm zu einem geeigneten Tonholz und findet daher im Instrumentenbau Verwendung.« Die bergige Gegend im Nordosten von Bosnien und Herzegowina ist die Quelle der so bedeutenden Ahornbäume.

Trockenrisse in der Rinde

Von der Geigenbauwerkstatt zurück in die freie Natur, wo Pflanzen mitunter harten Bedingungen ausgesetzt sind. Eine unerfreuliche Beobachtung machten Förster im Mai 2018 in Thüringen. Sie stellten am Großen Hermannsberg unerwartete Schäden an jungen Bäumen des Berg-Ahorns fest, die sich als meterlange Risse in der Rinde zeigten. Die Rinde war teilweise sogar komplett losgelöst und entblößte das darunterliegende Holz. Eine Gruppe deutscher und schweizerischer Wissenschaftler untersuchte das Phänomen und kam zu dem Schluss, dass die ungewöhnlichen Witterungsverhältnisse des Frühjahrs 2018 die Ursache waren. Den Bäumen hatte der rasche Wechsel von milden Temperaturen und Frost im März verbunden mit der Trockenheit des Jahres sehr zugesetzt. Denn am 11. März 2018 war es in Meiningen 15 Grad warm gewesen, jedoch hatte eine Woche später Frost mit minus sechs Grad eingesetzt. Im April stieg die Temperatur wieder auf über zwanzig Grad. Das Jahr 2018 entpuppte sich als ein überaus trockenes und heißes Jahr, und so ist es nicht erstaunlich, dass etliche der geschädigten Jungbäume eingingen. Berg-Ahorn erträgt keine Trockenheit.

»Aufgrund der in den letzten vierzig Jahren beobachteten Zunahme der Temperaturschwankungen im Frühjahr könnten solche Schäden in Zukunft häufiger auftreten«, so die Schlussfolgerungen der Forscher. Die Bäume reagieren auf den Klimawandel.

Die Statistik zeigt es deutlich: Die mittlere Tagestemperatur für die Monate März und April im Untersuchungsgebiet stieg zwischen 1979 und 2018 um 1,8 Grad Celsius. Künftig wird der Berg-Ahorn sich wohl in die Berge zurückziehen.

Ein Opportunist

Hänge-Birke
(Betula pendula)

Ein Baum mit weißer Rinde, das kann nur eine Birke sein! Aber welche Birke? Eine Moor-Birke *(Betula pubescens)* ist es nicht, denn diese wächst in Moor- und Bruchwäldern, am Rande von Hochmooren und in nassem Weidengebüsch. Ich befinde mich aber in der Döberitzer Heide, einer trockenen Heidelandschaft im Land Brandenburg. Die Niedrige Birke oder Strauch-Birke *(Betula humilis)* und die Zwerg-Birke *(Betula nana)* sind es auch nicht, denn beide bevorzugen ebenfalls moorige Stellen und wachsen als Sträucher kaum höher als zwei Meter, Letztere sogar weniger als einen Meter. Außerdem ist ihre Rinde nicht weiß, sondern braun.

Bleibt nur die Hänge-Birke. Sie erreicht dreißig Meter Höhe, und der Baum vor mir ist sicher über zehn Meter hoch. Es gibt viele Birken hier, doch diese eine fiel mir auf, ein besonders schön gewachsenes Exemplar. Aus der Ferne zeigt sich seine Silhouette als hohe Baumkrone, mit den untersten Ästen beinahe waagrecht abstehend, mit zunehmender Höhe nehmen die Äste einen immer steileren Winkel ein und strecken sich zuoberst beinahe senkrecht zum Himmel. Ich erkenne sechs grüne Kugeln im Geäst, meine Birke trägt jetzt im März noch kein Laub, und die Misteln kommen klar zur Geltung. Von den Ästen hängen die feinen Zweige nach unten und bilden ein filigranes Gehänge, das die Baumkrone ausfüllt.

Das unterste Stück Stamm erscheint schwarz und aufgerissen, rautenförmige Höcker bilden ein Gebirge auf dem Stamm, ich kann mit dem Finger durch die Täler fahren. Flechten und Moose haben sich angesiedelt, in den Ritzen versteckt sich sicher so manches Insekt. Ein kurzes Stück weiter oben zeigen sich die ersten weißen Rindenfetzen, eigentlich die Borke, die äußere Haut der Rinde. Mit zunehmender Höhe übernimmt das Weiß, und die Äste sowie der obere Stammteil sind von glatter und schneeweißer Rinde eingekleidet, das Weiß ist nur unterbrochen von ein paar schwarzen Flecken.

Eine kleine Familie

Birken gehören zu den Birkengewächsen, zusammen mit dem Haselstrauch, der Hainbuche und den Erlen. Mit rund 150 Arten weltweit ist es eine kleine Familie, die hauptsächlich in Eurasien und den beiden Amerikas vorkommt. Mit knapp hundert verschiedenen *Betula*-Arten überwiegen die Birken in der Familie. Die Hänge-Birke hat ihre größte Verbreitung in den Nadelmischwäldern des Nordens, in Sibirien und Skandinavien, wo sie auf trockenen Sandböden wächst und oft ganze Birkenwälder bildet. Daher heißt sie auch Sand-Birke. Der Baum kommt aber in ganz Europa vor und steigt auf der Alpensüdseite bis 1.900 Meter über dem Meeresspiegel an. Das Verbreitungsgebiet erstreckt sich bis nach Persien.

Woher kommt das Weiß?

Eine weiße Rinde ist bei Bäumen selten, und man mag sich fragen, warum Birken so hell sind. Bei Tieren wie dem Polarfuchs oder dem Eisbär ist der Fall klar, geht es doch um Tarnung. Ein Schwarzbär würde in der weißen Umgebung der Arktis zu sehr auffallen. Baumstämme brauchen sich aber nicht zu tarnen, und wir können über die weiße Farbe nur spekulieren. Eine Erklärung besagt, dass die Oberfläche der Rinde sich nicht so stark aufheizt wie bei einer dunklen Fläche, wenn die Sonne brennt. Weiß reflektiert die darauffallende Strahlung, und so wird das lebende Gewebe unter der Rinde vor Überhitzung geschützt.

Erstaunlich ist, dass die weiße Farbe durch eine äußerst komplexe chemische Verbindung hervorgerufen wird, das Betulin oder der Birkenkampfer. In reiner Form ist die Substanz ein weißes und in Wasser unlösliches Pulver. Bereits im 18. Jh. entdeckte der deutsch-russische Chemiker Johann Tobias Lowitz (1757–1804) die Substanz und stellte fest, dass sie sich nur in den äußeren weißen Rindenschichten befindet. Er beobachtete das Auftreten von flockenartigen Gebilden beim Erhitzen von Birkenrinde und beschrieb seine Entdeckung so:

»Die kleinen weißen Flocken, welche auf der weißen Rinde des Birkenholzes erscheinen, wenn es in einer bestimmten Nähe eines offenen Feuers gebracht wird, und die von Zeit zu Zeit verfliegen, sind eine sehr artige, weiße zarte Vegetation, die ich erst durch Zufall bemerkte, und sie dann durch Uebung schön und häufig sammlen lernte. Ich schloß sie zwischen 2 Glasscheiben, um dadurch ihr Zusammenfallen zu verhindern. Sie ist wollenähnlich, und besteht bey genauer Betrachtung, aus lauter sehr zarten Spießchen.«

Lowitz konnte die Substanz nicht chemisch analysieren, zu seiner Zeit war die Wissenschaft noch nicht so weit. Heute ist die chemische Formel von Betulin längst bekannt. Sie besteht aus kompliziert aufgebauten Molekülen, was wieder einmal zeigt, dass Pflanzen wahre chemische Fabriken sind. Für chemisch Versierte hier die Summenformel von Betulin: $C_{30}H_{50}O_2$. Ein einzelnes Molekül Betulin besteht also aus insgesamt 82 Atomen. Da ist Traubenzucker mit der Formel $C_6H_{12}O_6$ geradezu primitiv aufgebaut.

Betulin wirkt entzündungshemmend und ist ein wichtiger Bestandteil des Birkenrinde-Extrakts, der als Wundmittel Verwendung findet. Überhaupt ist Birkenrinde seit alters ein wichtiger Rohstoff. Aus der weichen und biegsamen Rinde fertigten unsere Vorfahren Behälter aller Art an. Schon in der Steinzeit wussten die Menschen durch Verbrennen von Rindenstücken das Birkenpech zu gewinnen, einen teerartigen und schwarzen Rückstand, der sich an Steinen in der Nähe des Feuers niederschlug. Birkenpech fand als Klebstoff und Dichtmaterial Verwendung. Die Pfeilspitzen Ötzis, des steinzeitlichen Mannes vom Tisenjoch, waren mit Birkenpech und Pflanzenfasern an den Holzschäften befestigt. Die ältesten archäologischen Belege für die Herstellung von Birkenpech stammen aus Italien; die Steinstücke mit anhaftendem Birkenpech sind über 200.000 Jahre alt.

Ein Pionierbaum

Hänge-Birken sind klassische Pioniergehölze. Sie leben im Vergleich zu anderen Bäumen wie den Eichen kurz, werden nur etwa 50 bis 80 Jahre alt, und sie brauchen viel Licht und Wasser. Dafür wachsen sie enorm rasch, trotz der nährstoffarmen Böden, auf denen die Hänge-Birke meist vorkommt. Der Baum ist darauf aus, möglichst rasch zu blühen und zu fruchten, um seine Nachkommenschaft zu sichern. Schon als Fünfjähriger kann er das erste Mal Samen ansetzen.

Es sind anspruchslose Gelegenheitsbäume, die sofort zur Stelle sind, sollte eine Waldlücke entstehen, sei es durch Windwurf, Motorsägen oder einfach wenn alte Bäume umfallen und eine lichtreiche Lücke hinterlassen. Dann keimen die Samen, die zu Tausenden gebildet und vom Wind verfrachtet wurden. Die Jungbäume wachsen rasch heran. Sobald sie aber von anspruchsvolleren Bäumen überschattet werden, können sie sich nicht mehr halten und machen den Buchen und Eichen Platz. Die Hänge-Birke ist kurzlebig – mit jahrhundertealten Eichen oder Fichten kann sie es nicht aufnehmen, und auch ihr Holz ist nicht mit Eichenholz zu vergleichen. Birkenholz ist leicht und eher weich, dafür zäh und elastisch. Bei stürmischem Wetter biegen sich Birken in alle Richtungen, ohne zu brechen.

In einer Landschaft, die stark vom Menschen geprägt ist, finden Hänge-Birken immer geeignete Plätze. Industriebrachen, vernachlässigte Bahnanlagen und sonstige Stellen, die wir als Ödland bezeichnen würden, sind für Pioniergehölze ideal. Zu ihrem Dasein als Pionierbaum passt auch die Art und Weise der Bestäubung und Samenbildung. Beides wird im Überfluss erzeugt. Die Blüten der Birken sind winzig, wie bei den Weiden in Kätzchen untergebracht und entweder nur männlich oder nur weiblich. Die männlichen Kätzchen baumeln nach unten, während die weiblichen mehr oder weniger aufrecht an den Zweigen sitzen. Birken werden vom Wind bestäubt und produzieren daher Unmengen an Blütenstaub. Ein einzelnes männliches

Blütenkätzchen entlässt rund fünf Millionen Pollenkörner. Und wie viele Kätzchen sich an einem einzigen Baum befinden! Für Heuschnupfengeplagte ist die Birkenblüte kein Anlass zur Freude.

Für ein Pioniergehölz ist Windbestäubung sicher von Vorteil, da keine Insekten zur Pollenübertragung notwendig sind. Insekten brauchen viele verschiedene Blumen, die in einer dürftigen Pioniervegetation noch nicht vorhanden sind. Auch die Ausbreitung der Samen durch den Wind ist eine typische Eigenschaft von Pioniergehölzen. Und eine Hänge-Birke entlässt Tausende kleiner Samen, die durch die Luft fliegen und an etlichen neuen Plätzen landen. Die Trefferwahrscheinlichkeit eines geeigneten neuen Wuchsortes ist freilich gering, und die meisten Samen werden wohl eher zu Futter für Kleingetier und Vögel als zu neuen Birken.

Die Birke und die Wanze

Inzwischen ist es Sommer geworden, und meine Birke trägt nun dichtes Laub. Vielleicht spielt sich in der Baumkrone gerade in diesem Moment ein ungewöhnliches Schauspiel ab. Ich kann nicht zuschauen, selbst wenn ich auf den Baum klettern könnte. Ich müsste mich auf die dünnen Äste hinaus begeben und die Blätter in Augenschein nehmen.

Vielleicht hatte im Juni ein Weibchen der Fleckigen Brutwanze *(Elasmucha grisea)* ihre Eier an der Unterseite eines Blattes der Birke abgelegt. In solch einem Fall blieb sie auf dem Gelege sitzen wie ein Vogel auf den Eiern und bewachte es für zwei bis drei Wochen ohne Unterbrechung. Es konnte während dieser Zeit keine Nahrung zu sich nehmen. Näherte sich ein ungebetener Gast wie eine Ameise, ein Käfer oder irgendein anderer Störenfried oder potenzieller Räuber, richtete sich die Wanze auf, kippte den Rücken in Richtung der Gefahr und beschützte so die Brut. Bei anhaltender Gefahr hätte sie heftig mit den Flügeln geschwirrt und versucht, den Eindringling zu vertreiben.

Jetzt sind die Jungen wohl geschlüpft. Auch sie werden von der Mutter bewacht. Die kleinen Wanzen müssen sich erst mal häuten, bevor sie Nahrung aufnehmen können, was ein paar Tage nach dem Schlüpfen fällig wird. Dann geschieht das Unglaubliche: Familie Brutwanze bricht auf. Die Mutter schreitet voran, und die Jungwanzen folgen dicht hinterdrein. Ob die kleinen Wanzen im Gänsemarsch der Mutter hinterhertrippeln oder als ungeordnete Horde? Wie auch immer, die Familie ist groß, denn ein Gelege der Brutwanze besteht immerhin aus vierzig bis fünfzig Eiern. Vom Blatt führt der Weg über den Blattstiel zum Zweig, an dem das Blatt hängt, vielleicht anschließend an das Ende des Zweiges oder auf einen anderen Zweig. Ziel ist ein heranreifender Fruchtstand: An den noch grünen Samen knabbert dann die ganze Familie.

Eine solch fürsorgliche Brutpflege ist für ein Insekt, das keine Staaten bildet und solitär lebt, ziemlich ungewöhnlich. Auch nach dem Schlüpfen bleibt die Mutterwanze noch für zwei bis drei Wochen bei ihrem Nachwuchs, um ihn vor Fressfeinden zu verteidigen und gemeinsam mit ihm auf Nahrungssuche zu gehen. Ausgewachsen erreicht die Wanze sechs bis neun Millimeter Körperlänge und zeigt eine graugrüne, grüne und rotbraune Färbung auf dem Rücken. Zudem zieren zahlreiche dunkle Punkte den Körper. Neben Birken nimmt sie auch Erlen zur Aufzucht der Jungen.

Hänge-Birken spielen auch für andere Insekten eine wichtige Rolle. Die leuchtend grünen Raupen des Birkenspinners *(Endromis versicolora)* fressen bevorzugt an den Blättern der Hänge-Birke. Der Schmetterling selbst fällt durch seine braun, schwarz und weiß gezeichneten Flügel auf. Die Hänge-Birke ist Futterpflanze ebenfalls für einen unserer schönsten und größten Schmetterlinge, den Trauermantel *(Nymphalis antiopa)*. Der Tagfalter, dessen braunviolette Flügel von einem gelben oder weißen Streifen und blauen Punkten gesäumt werden, ist in Deutschland leider selten geworden. Die Raupen fressen neben Birken auch an Weiden und sind nur im Juni und Juli zu beobachten.

Standfest und uralt

Stiel-Eiche
(Quercus robur)

Was für ein Baum! Der Durchmesser des Stammes auf Augenhöhe beträgt schätzungsweise drei Meter, die Borke ist rissig mit tiefen Tälern zwischen den Höckern. Der Hauptstamm brach vor langer Zeit einige Meter über dem Boden ab und hinterließ ein paar Reste toter Äste. Ein Seitenstamm zweigt schräg nach oben ab, richtet sich auf und überragt weit den gebrochenen Hauptstamm. Er trägt Äste, Zweige und Blätter. Die Eiche lebt noch.

Hier im ehemaligen Schlosspark bei Ivenack in Mecklenburg-Vorpommern stehen etliche uralte Eichenbäume, deren Alter auf 500 bis 800 Jahre geschätzt wird; mancher der Bäume ist vielleicht noch älter. Was sie alles erzählen könnten! Wenn einer dieser Bäume im Jahre 1222 mit dem Wachsen begann, hat er die wechselvolle Geschichte seiner Umgebung erlebt, vom Mittelalter bis zur Neuzeit.

Warum konnten sich diese alten Eichenbäume über die Jahrhunderte bis heute erhalten? Sie gehen auf die historische Nutzung des ehemaligen Waldes als Waldweide oder Hutewald zurück, eine gängige Praxis von der Jungsteinzeit bis ins Mittelalter.

Rinder, Schweine, Ziegen, Schafe und Pferde wurden in die Wälder gelassen, um sich an den Eicheln, Bucheckern und jungen Bäumen satt zu fressen. Die großen Bäume blieben dabei stehen. Schon vor tausend Jahren nutzten die Slawen das Gebiet um Ivenack als Hutewald, und im 13. Jh. diente es dem Zisterziensерinnenkloster ebenfalls als Waldweide. Aus dem Kloster wurde schließlich Schloss Ivenack mit dem großen Park. Glücklicherweise fielen die alten Bäume nicht der Säge zum Opfer und werden heute als Nationales Naturmonument erhalten.

Eichenvielfalt

Eichen sind bemerkenswerte Bäume. Mit zunehmendem Alter werden sie immer individueller, bekommen ein Antlitz, das die Spuren ihres langen Lebens trägt. Die unregelmäßig geformte Krone und die krummen Äste machen jeden Baum einzigartig. Eichen sind auch als Gruppe von Laubbäumen bemerkenswert. Die Ivenacker Eichen sind allesamt Stiel-Eichen, die häufigste Eichenart im Nordosten des Landes und eine von drei einheimischen Arten. Die beiden anderen sind die Trauben-Eiche *(Quercus petraea)* und die Flaum-Eiche *(Quercus pubescens)*. Letztere ist selten und an warme Standorte im Süden des Landes gebunden, der größte Bestand liegt im Kaiserstuhl der Oberrheinischen Tiefebene. Die jungen Zweige dieses Baumes sind flaumig behaart. Mehrere ausländische Arten werden als Forstbäume, Ziergehölze oder als Straßen- und Parkbaum kultiviert. Dazu gehört die oft verwilderte Rot-Eiche *(Quercus rubra)* aus Nordamerika.

Die einheimischen Eichen lassen sich aufgrund der rund gelappten Blätter leicht erkennen, die Blattlappen laufen nicht in eine Spitze aus wie bei der Rot-Eiche. Trauben-Eichen und Stiel-

Eichen voneinander zu unterscheiden ist nicht immer einfach, denn die beiden Arten bilden Bastarde. Am besten hilft ein Blick auf die Früchte. Bei der Stiel-Eiche sitzen die Eicheln in Gruppen an langen Stielen, bei der Trauben-Eiche hingegen ohne Stiel direkt am Zweig.

Mitteleuropas Eichenvielfalt hält sich in Grenzen, obwohl die Gattung *Quercus* weltweit rund 440 Arten umfasst. Damit ist sie eine der artenreichsten Gattungen an Laubbäumen überhaupt. Alleine in Nordamerika wachsen neunzig verschiedene Eichenarten. Alle Eichen gehören der Familie der Buchengewächse an, zusammen mit den Buchen und der Esskastanie *(Castanea sativa)* sowie ein paar weiteren Gattungen. Zwei markante Eichenarten bilden wichtige Elemente der mediterranen Vegetation: die immergrüne Stein-Eiche *(Quercus ilex)* mit derben Blättern und die Kork-Eiche *(Quercus suber)*; Letztere wird zur Korkgewinnung in mehreren Mittelmeerländern angebaut.

Standfest

Eine Eiche ist das pure Gegenteil einer Birke. Der mächtige Stamm und die tiefe Pfahlwurzel zeigen, dass sie sehr lange am Ort verweilen möchte, an dem sie als keimende Eichel das Licht der Welt erblickt hat. Sind Birken kurzlebig, bedeuten mehrere Hundert Jahre für Eichen durchaus ein normales Alter. Man spricht auch von Eichen mit einem Alter von tausend Jahren oder mehr, doch Forstexperten sind sich uneinig. Die Altersbestimmung ist nicht einfach und nicht immer eindeutig, da Teile des Stammes verrottet sein können oder der Stamm hohl geworden ist. In solchen Fällen kann man keinen Bohrkern mehr entnehmen, um die Jahresringe zu zählen. Außer den Ivenacker

Eichen stehen auch andernorts uralte Stiel-Eichen, wie die »Femeiche« nahe Raesfeld in Nordrhein-Westfalen. Mehrere Pfosten stützen die Äste des Baumes, der nach den neuesten Untersuchungen etwa 920 Jahre alt ist.

Stiel-Eichen lassen sich Zeit, auch mit dem Blühen. Sie wachsen langsam, und sie beginnen erst im Alter von vierzig oder fünfzig Jahren, Früchte anzusetzen. Ihre Standfestigkeit erlangt die Stiel-Eiche durch die tiefe Pfahlwurzel, dadurch wird sie sturmfest, und die Wurzeln können auch Grundwasser in tiefen Bodenschichten erreichen. Das harte und zähe Holz trägt ebenfalls zur Standfestigkeit bei, und Eichenholz wird schon seit Jahrhunderten als vielseitiger und dauerhafter Werkstoff genutzt.

Die Bäume erreichen meist zwanzig bis vierzig Meter Höhe, ihre Wuchsform ist im Vergleich zu einer Fichte eher gedrungen. So manche frei stehende Stiel-Eiche entwickelt weit ausladende Äste, dick wie ein kleiner Baum, und man kann sich kaum die Kräfte vorstellen, die den Ast am Stamm halten. Stiel-Eichen ertragen Trockenheit und Hitze weitaus besser als anspruchsvollere Laubbäume wie Rot-Buche oder Ahorn. Auf nährstoffarmen, trockenen oder anderweitig für Pflanzen schwierigen Böden vermögen die genügsamen und gegenüber Stress toleranten Bäume daher ganze Wälder zu bilden.

Eichenwälder

Im norddeutschen Flachland hinterließen die Eiszeiten riesige Flächen mit sandigen Böden. Da bildeten sich natürliche Eichenwälder, in denen die Stiel-Eiche die häufigste Baumart ist, gelegentlich begleitet von Birken und Kiefern. Es sind lockere Wälder mit wenig Unterwuchs, ein paar Gräser und Adlerfarn wachsen zwischen den Bäumen. Diese Sandböden sind ausgesprochen trocken und nährstoffarm, das hält andere Bäume fern. Im Bundesland Brandenburg mit seinen ausgedehnten Sandflächen finden sich oft Eichenwälder; viele wurden allerdings durch Kiefernforste ersetzt. Aber auch in der Oberrheinischen Tiefebene existieren noch Reste von Eichenwäldern.

Diese lichtreichen Wälder sind ökologisch wertvoll, besonders wenn alte Bäume vorkommen. Eichenwälder bieten zwar keine spektakulären Anblicke mit einem dichten Bewuchs an bunten Wildblumen, nicht so wie ein Buchenwald im Frühjahr. Eichenbäume stellen aber für viele Insekten eine Lebensgrundlage dar, und auch zahlreiche Vogelarten lassen sich an den Eichen beobachten oder machen sich anderweitig bemerkbar, wenn etwa Spechte an alten Stämmen klopfen.

Auffallend sind die vielen Moose und Flechten auf den Ästen mancher Eichenbäume. Selbst hier im trockenen Brandenburg zieren grüne Polster und graue Lappen viele der Eichen. Die rissige Borke macht es für die einfachen Organismen leicht, sich festzusetzen und ein kleines Minibiotop auf die Bäume zu zaubern. Nach einem Regen lebt der Bewuchs regelrecht auf und wird zu einem sattgrünen Pelz.

Von der Eichenblattlaus zum Eichenzipfelfalter

Die Insektenvielfalt an Eichen ist geradezu frappant, wobei sich diese Vielfalt nicht auf Bestäuber bezieht – die Blüten der Eichen werden vom Wind bestäubt –, sondern auf Insekten, die sich von Eichen ernähren und die Bäume als Lebensraum brauchen. Eine Studie hat fast 700 Arten an pflanzenfressenden Insekten auf Eichenbäumen festgestellt.

Viele dieser Insekten sind auf Eichen spezialisiert und hängen von ihnen ab. Das bedeutet, dass sie ohne Eichen nicht leben können. Es ist nicht schwer, manche der Eichenspezialisten zu Gesicht zu bekommen, zumindest ihre Spuren. Im Laufe des Sommers erhalten viele Eichenblätter auf der Unterseite kirschgroße Kugeln, die Galläpfel. Hier war die Eichen-Gallwespe *(Cynips quercusfolii)* am Werk. Pflanzengallen sind für mich der Höhepunkt der Wechselwirkungen zwischen Pflanzen und Insekten. Da schlüpft aus den Eiern der Gallwespe eine winzige Larve, beißt in das Blatt hinein und veranlasst durch bestimmte Stoffe das Eichenblatt dazu, ihr ein Zuhause zu bauen. Im Innern eines Gallapfels kann die kleine Made ungestört und bestens geschützt heranwachsen. Fällt das Blatt im Herbst samt Galle zu Boden, verpuppt sich die Larve in ihrer Kammer, und die geschlüpfte Wespe frisst sich in den Wintermonaten durch die Wand der Galle.

Ein ganz besonderer Geselle unter den Eichenspezialisten ist der Heldbock oder Große Eichenbock *(Cerambyx cerdo)*, einer der größten Käfer Mitteleuropas, vom Hirschkäfer mal abgesehen. Sein Körper erreicht etwas mehr als fünf Zentimeter Länge, seine beiden Antennen sind aber doppelt so lang. Er ist in Deutschland so selten geworden, dass er vom Aussterben bedroht ist. Der dunkelbraune Käfer ist anspruchsvoll, denn er sucht alte Stiel-Eichen auf – kränkelnde oder absterbende Bäume. Von vollständig toten Bäumen will er nichts wissen, ebenfalls nicht von Bäumen in bestem Alter und voll im Saft. Daher braucht der Käfer einen weitgehend natürlichen Eichenbestand mit Bäumen ganz unterschiedlichen Alters. Die Weibchen des Heldbocks legen ihre Eier in die Borke geeigneter Bäume, und die Larven verbringen die ersten paar Jahre in Fraßgängen innerhalb des Stammes. Sie verpuppen sich auch in diesen unsichtbaren Tunnelgängen, und die neuen Käfer verlassen den Stamm aus fingerdicken Löchern, die nun nicht zu übersehen sind. Der Käfer selbst lebt nur ein paar Wochen, und seine Aufgabe besteht darin, Geschlechtspartner zu finden und für Nachwuchs zu sorgen.

Die Liste der Eichenspezialisten ist lang. Der ebenfalls seltene Eichen-Buntkäfer *(Clerus mutillarius)* braucht umgestürzte Bäume, der Eichenblattroller *(Attelabus nitens)* frische Blätter, und der Eichelbohrer *(Curculio venosus)* benötigt unreife Eicheln. Er lebt wie der Haselnussbohrer, d. h., die Weibchen suchen die Früchte zur Eiablage auf. An Eichenzweigen saugen oft braune Eichenblattläuse *(Lachnus roboris)*, und die Raupen des Blauen Eichenzipfelfalters *(Neozephyrus quercus)* akzeptieren nur Eichen als Nahrungspflanzen.

Weniger gern gesehen wird der Eichen-Prozessionsspinner *(Thaumetopoea processionea)*, da dessen Raupen unangenehme Brennhaare besitzen. Diese lösen sich leicht ab, werden mit dem Wind verfrachtet und können unangenehme allergische Reaktionen auslösen. Der Schmetterling ist ziemlich unauffällig, aber die Raupen treten massenhaft auf. Den Tag verbringen sie in einem Gespinstnest am Fuß des Stammes und marschieren abends als Gruppe gemeinsam zu ihren Fraßplätzen in der Baumkrone.

Eichenwälder sind voller Leben – kommen Heldbock und andere Spezialisten vor, ist das ein gutes Zeichen. Dann haben wir einen einigermaßen natürlichen Eichenwald vor uns. An vielen Orten ist der Heldbock durch die Umwandlung naturnaher Eichenwälder in Kiefernforste verschwunden. Doch manchmal gibt es Überraschungen. So entdeckten Biologen im Landkreis

Teltow-Fläming 2019 eine Kolonie des Heldbocks mit rund 2.400 Fundstellen, möglicherweise das größte Vorkommen des Käfers in Deutschland. Ein Eichenwald in Unterfranken sorgte gar für eine Sensation, weil Schmetterlingsexperten 2019 und 2020 die Helle Pfeifengras-Grasbüscheleule *(Pabulatrix pabulatricula)* wiedergefunden hatten. Ich hörte noch nie von diesem Schmetterling, der in Mitteleuropa seit Jahrzehnten als ausgestorben galt. Der Wald wird seit Jahren umsichtig und naturnah bewirtschaftet, was sich offensichtlich bewährt und ihn zu einem wertvollen Eichenwald macht.

Europas wichtigster Laubbaum

Rot-Buche

(Fagus sylvatica)

Im zeitigen Frühjahr präsentiert sich der Buchenwald im Nationalpark Hainich in Thüringen von seiner schönsten Seite. Gerade weil die Bäume noch kein Laub tragen und die Sonnenstrahlen ungehindert zwischen den grauen Stämmen den Boden erreichen. Dieser ist dafür umso bunter. An einer Stelle überzieht das Busch-Windröschen *(Anemone nemorosa)* den Waldboden mit einem weißen Blütenmeer, an anderer Stelle bildet der Hohle Lerchensporn *(Corydalis cava)* üppige Polster aus purpurnen Blüten. Auch der Bär-Lauch *(Allium ursinum)* zeigt bereits Blätter, bald wird er massenhaft blühen und seine weißen Kugelsterne emporhalten. Alle diese Frühblüher nutzen die kurze Zeit mit genügend Wärme und viel Licht aus, um ihre Samen zu bilden. Sobald das Laub der Bäume Schatten auf den Boden wirft, werden sie für den Rest des Jahres von der Bildfläche verschwinden. Es wird nicht mehr lange dauern bis zum Laubaustrieb, dann werden die jungen Blätter mit ihrem zarten Grün an den Buchenzweigen sprießen.

Die Rot-Buche war einst eine der häufigsten Laubbaumarten Europas. Sie bildete großflächig reine Buchenwälder und zusammen mit anderen Laubbaumarten gerne Laubmischwälder – mit der Rot-Buche als vorherrschendem Baum. Davon ist heute nicht mehr viel übrig, denn naturnahe Buchenwälder sind auf dem europäischen Kontinent auf 0,02 Prozent ihrer ursprünglichen Fläche geschrumpft. In Deutschland würden Buchenwälder ohne Einfluss des Menschen etwa zwei Drittel der Landesfläche bedecken; heute ist sie auf etwa 15 Prozent der Waldfläche die wichtigste Baumart.

Die Rot-Buche ist eine von zehn verschiedenen Buchenarten auf der Welt. Der Baum ist ein echter Europäer, sein natürliches Verbreitungsgebiet reicht von Nordspanien bis Südschweden und vom Atlantik bis ans Schwarze Meer. Die anderen Buchenarten verteilen sich auf Nordamerika, Mexiko und Asien; die Amerikanische Buche *(Fagus grandifolia)* ist die einzige heimische Art Nordamerikas und hat viel größere Blätter als die Rot-Buche.

Riesiges Blätterdach

Im April ändert sich das Antlitz des Buchenwaldes. Jetzt brechen die Winterknospen auf, und die neuen Blätter entfalten sich. Sie wurden bereits im Sommer des Vorjahres angelegt und verbrachten zusammengefaltet den Winter in den Knospen. Nun strecken sie sich und wachsen heran. Auffallend sind die seidigen Haare am Rand der jungen hellgrünen Blätter. Gleichzeitig mit dem Laubaustrieb erscheinen auch die unauffälligen Blüten, die durch den Wind bestäubt werden.

Ist das Laub erst einmal voll entfaltet, wird es schattig auf dem Waldboden. Die reichlich verzweigten Kronen der Buchenbäume bilden eine Unmenge an Blättern, die im Laufe des Frühsommers dunkelgrün werden. Eine Schätzung besagt, dass ein ausgewachsener Buchenbaum über 200.000 Blätter bildet, die eine Fläche von etwa 1.200 Quadratmeter einnehmen. Diese Fläche ergibt sich, wenn Sie ein Quadrat mit einer Kantenlänge von 35 Meter abstecken – und das hängt als grünes Blätterdach an den Zweigen einer einzelnen Buche. Die Krone einer Rot-Buche wirkt oft genug wie in Etagen aufgebaut, die Äste stehen waagrecht ab, und es scheint, dass die Blätter alle so angeordnet sind, dass sie das Sonnenlicht optimal auffangen können.

Sind einmal die Frühblüher verschwunden, zeigt sich der Boden unter dem Kronendach beinahe kahl, vom vielen Buchenlaub des letzten Jahres abgesehen. Da wachsen kaum andere Pflanzenarten, aber nicht nur wegen des Lichtmangels. Das flache und weitreichende Wurzelwerk der Rot-Buchen nimmt einen großen Teil des Wassers nahe der Bodenoberfläche auf, da bleibt für andere nicht viel übrig, besonders nicht für krautige Pflanzen.

Blätter verdunsten Wasser, und es ist schier unglaublich, welche Mengen an Wasser in einem Buchenwald vom Boden in die Luft überführt werden. Eine einzelne Buche mit der oben erwähnten Blattfläche verdunstet jedes Jahr zwischen 360 und 720 Kubikmeter Wasser – unvorstellbar, welche Mengen da bei einem ganzen Wald zusammenkommen! Dies ist Teil des Wasserkreislaufes, der für das Leben so immens wichtig ist. Die Verdunstung durch das Laub hat einen angenehmen Nebeneffekt, denn Verdunstung kühlt, und daher ist es auch in der heißen Jahreszeit in einem Buchenwald angenehm kühl.

Konkurrenzstark und anpassungsfähig

Rot-Buchen gelten als konkurrenzstarke Bäume, die sich gegenüber anderen Baumarten durchsetzen und diese verdrängen können, wenn die Wuchsbedingungen optimal sind. Sie gedeihen am besten auf humusreichen Böden mit genügend Feuchtigkeit, daher braucht die Rot-Buche eine Umgebung mit genügend Niederschlägen. Gegenüber Spätfrösten ist sie empfindlich, ebenso gegenüber Trockenheit. Rot-Buchen können zu majestätischen Bäumen heranwachsen, die über 300 Jahre alt werden und einen Stammdurchmesser von zwei Metern erreichen. Solche Bäume werden fast fünfzig Meter hoch und bilden einen Hallenwald. Die weit voneinander stehenden Buchenbäume erinnern mit ihren Säulen an Hallen, was noch durch den fehlenden Unterwuchs verstärkt wird.

Eine besondere Eigenschaft der Rot-Buche ist ihre hohe Schattenverträglichkeit, und das trägt zu ihrer Konkurrenzstärke bei. Vom jungen Sämling bis ins hohe Alter vermag die Rot-Buche im Gegensatz zu anderen Baumarten mit wenig Licht auszukommen. Das verschafft der Rot-Buche einen Vorteil. Eichen beispielsweise können mit Buchen nicht mithalten. Buchenkeimlinge wachsen problemlos im schummerigen Licht unter einem geschlossenen Kronendach heran. Eichen und andere lichtbedürftige Bäume können dies nicht – daher ziehen sie auf Dauer den Kürzeren, wenn sie zusammen mit Buchen vorkommen oder gepflanzt wurden.

Rot-Buchen wachsen aber auch an Stellen, wo man sie nicht unbedingt erwarten würde, und die Bäume sehen dann ganz anders aus. Im Tessin auf der Alpensüdseite steigt der Baum bis auf 1.800 Meter über dem Meeresspiegel und bildet sogar die Baum-

und Waldgrenze. Die Buchen auf dieser Höhe sind von kleinerem Wuchs und sehen manchmal eher wie ein großer Strauch aus – nicht zu vergleichen mit den stattlichen Bäumen eines Tieflandwaldes. Tatsächlich weist die Rot-Buche eine große Höhenverbreitung auf, kommt sie doch von der Küste bis in die subalpine Höhenstufe vor.

Bucheckern und Mastjahre

Die stacheligen Früchte der Rot-Buche sind unverkennbar. Die vier zurückgebogenen Klappen öffnen sich während des Heranreifens und geben die ein bis zwei Nüsse frei, die als Bucheckern bekannt sind. Sie sind glatt, kastanienbraun, dreieckig und bei allerhand Tieren beliebt. Eichhörnchen, Eichelhäher, Mäuse – alle sammeln die Früchte gerne und bringen sie zu ihren Wintervorräten. Wenn dann die eine oder andere Nuss vergessen wird, kann sie keimen und einen neuen Baum bilden. Für Wildschweine stellen die Bucheckern ein willkommenes Kraftfutter dar, reich an fetten Ölen und Eiweiß.

In manchen Jahren liegen Bucheckern zuhauf auf dem Waldboden, es hagelt förmlich von den Früchten, ein Schlaraffenland für Wildtiere. Die Rot-Buche zeigt dann das Phänomen eines Mastjahres: Etwa alle drei bis sechs Jahre fällt ein besonders reicher Fruchtertrag an. 2016 war ein besonders starkes Buchenmastjahr; eine Meldung aus Thüringen im September des Jahres lautete: »In Thüringens Misch- und Buchenwäldern bietet sich den Besuchern derzeit ein seltenes Bild: Die Buchen, häufigste Laubbaumart im Freistaat, tragen so reichlich Bucheckern, dass diese aus der Ferne trotz grüner Blätter braun erscheinen und die Äste schwer beladen hängen lassen.«

Wie kommt es zu einem Mastjahr? Eine schwierige Frage. Jahre mit besonders hohem Samenansatz zeigen einige unserer Waldbäume, und jede Art scheint einen eigenen Rhythmus zu haben. Eine Eichenmast gibt es alle sechs bis zwölf Jahre, Linden und Ross-Kastanien können hingegen alle drei Jahre masten. Die Dauer des Zyklus ist je nach Region in Europa unterschiedlich. Auslöser eines Mastjahres dürften wetterbedingte Umstände sein und die Art und Weise, wie Bäume darauf reagieren. Wenn beispielsweise Spätfrost im Frühjahr bereits angelegte Blüten zerstört, kann der Baum vielleicht zahlreiche neue Blütenknospen anlegen. Diese werden sich erst im Folgejahr öffnen, und es kommt zu einem Mastjahr. Ein kühler Frühsommer wird bei den Buchen eher zu einem geringen Samenansatz führen, während ein warmer Frühsommer Blüten- und Samenbildung begünstigt.

Für einen Baum bedeuten viele Früchte zwar eine gute Vermehrung und Ausbreitung von Samen, er kostet aber etwas. Der Baum investiert Ressourcen in die Bildung der Früchte statt in Wachstum. Das wird in der Breite der Jahrringe direkt sichtbar. In einem Mastjahr ist das Holzwachstum nicht so üppig wie in anderen Jahren, was sich in einem schmalen Jahresring zeigt.

Aus Sicht der Ökologie sind Mastjahre für die Bäume sinnvoll, denn sie wirken auf die Populationen samenfressender Tiere regulierend. Das große Angebot an Bucheckern in einem Mastjahr ist für Mäuse, Rehe, Wildschweine und andere viel zu viel, es bleiben genügend Samen übrig, die zu neuen Bäumen werden können. Das Überangebot an Nahrung lässt gerade die Populationen von Kleinsäugern wie Mäusen wachsen. Fällt dann im Folgejahr das Samenangebot des Baumes mager aus, finden die

Tiere zu wenig Nahrung, sie vermehren sich weniger, und die Bestände brechen ein. Ein natürlicher Zyklus, der seit eh und je in den Wäldern abläuft.

Warum ist die Buche gewichen?

Ich hatte oben den dramatischen Rückgang der einstigen Buchenwälder erwähnt. Einige Reste ursprünglicher und naturnaher Buchenwälder liegen verstreut im Land, sie sind alle sehenswert und schützenswert. Den Buchenwald in Hainich hatte ich bereits erwähnt. Ein weiterer Buchenwald wächst im kleinen und feinen Nationalpark Jasmund auf Rügen. Der Wald reicht bis an die Kliffkante der Kreidefelsen. Manche der vordersten Bäume befinden sich in einer geradezu prekären Schieflage, das Wurzelwerk ist durch die ständige Erosion teils entblößt. Sie werden über kurz oder lang hinabstürzen. Ein urwüchsiger Buchenwald, die schwer zugänglichen Waldstücke nahe dem Kliff wurden wahrscheinlich nie genutzt. Seit 2011 gehört der Wald zum UNESCO-Weltnaturerbe. Genauso wie ein kleiner Buchenwald bei Serrahn im Müritz-Nationalpark. Ein alter und heute geschützter Buchenwald steht auch im Naturpark Feldberger Seenlandschaft, bekannt als »Heilige Hallen«. Das nur 67 Hektar große Gebiet wird seit 1850 nicht mehr genutzt und ist heute ein Totalreservat, in welchem jeglicher Eingriff unterbleibt. Richtig urige Buchenbäume kann man im Nationalpark Kellerwald-Edersee in Hessen bewundern; auch dieser Wald ist heute Bestandteil des UNESCO-Weltnaturerbes, ebenso das Waldgebiet Grumsin im brandenburgischen Biosphärenreservat Schorfheide-Chorin.

Die Wälder Mitteleuropas veränderten sich stark unter dem Einfluss des Menschen, sowohl in ihrem Ausmaß als auch in der Zusammensetzung der Baumarten. Schon in Zeiten Karls des Großen (747–814) wurden Wälder in großem Stil gerodet und wichen Landwirtschaftsflächen. Die industrielle Entwicklung im 18. und 19. Jh. verbrauchte enorme Mengen an Holz – für den Bau und als Brennholz. Gerade die Rot-Buche liefert gutes Brennholz und gute Holzkohle. Vom Mittelalter bis in die frühe Neuzeit wurden Buchenbestände für die Glasherstellung großflächig gerodet. Die Schmelzöfen verschlangen Unmengen an Brennholz oder Holzkohle.

Im Zuge der Rodungen und angesichts einer dramatischen Holzknappheit wurden bereits Ende des 18. Jh. vermehrt Fichten gepflanzt. Die rasch wachsenden Nadelbäume lösten die Rot-Buche ab. Umso wichtiger ist jetzt der Erhalt der letzten verbliebenen urwüchsigen Buchenwälder.

KLETTER-
PFLANZEN

Kletterpflanzen sind Pflanzen, die nicht von alleine stehen können und auf Stützen angewiesen sind. Sie halten sich an Zäunen, Pfosten, Wänden oder Bäumen fest und erreichen dabei erstaunliche Wuchshöhen. Bei den Lianen sind die Sprossachsen verholzt und bleiben für Jahre und sogar Jahrzehnte erhalten. Andere Kletterpflanzen bilden einjährige Triebe, die im Herbst wieder absterben. Die Sprossachsen verholzen nicht, bleiben grün, und die Pflanze bildet jedes Jahr neue Stängel aus ihrem Wurzelstock. Solche Pflanzen werden auch Kletterstauden genannt. Es gibt auch einjährige Kletterpflanzen, die nach der Samenreife vollständig eingehen.

Der Begriff »Schlingpflanze« ist nicht eindeutig und meint eine Kletterpflanze, die sich um ihre Stütze herumschlingt. Allerdings klettern viele Lianen und Kletterstauden auf eine ganz andere Art und Weise.

Die dickste Liane des Landes

Gewöhnlicher Efeu
(Hedera helix)

Die Eichenbäume im Park Sanssouci in Potsdam könnten sicher viel erzählen, denn so mancher der dickstämmigen Bäume muss ein beträchtliches Alter aufweisen. Die meisten haben einen Begleiter, der sich eng an sie schmiegt. Der Gewöhnliche Efeu, unsere häufigste Liane, überzieht so manchen Eichenstamm mit einem dunkelgrünen Vorhang und arbeitet sich bis in die Baumkrone vor. Die Efeupflanzen sind hier genauso eindrücklich wie die alten Eichen. Manche bilden einen richtigen Stamm, dick wie ein Regenrohr, dem Baumstamm anliegend, die Rinde des Efeus genauso rissig und zerklüftet wie die der Eichen. Meist sind es aber dünnere Stränge, die sich auf dem Baum geradewegs nach oben ziehen, sich verzweigen und ein dichtes Geflecht von Zweigen bilden.

Markenzeichen des Efeus sind die gelappten und derben Blätter, die auch im Winter erhalten bleiben und auf der Oberseite helle Striche entlang der Nerven aufweisen. In Wäldern zeigt der Efeu seine veränderliche Wuchsform, denn er vermag auch auf dem Boden zu kriechen und meterlange, sich bewurzelnde Triebe in alle Richtungen zu senden. Da kann der Boden schon mal mit Efeu vollständig zugedeckt werden. Wälder sind auch die natürlichen Wuchsorte des Efeus, insbesondere feuchte Auenwälder. Hier können sich Efeu und andere Lianen voll entfalten. Efeu wächst aber auch an schattigen Felsen, an Mauern und wird oft gepflanzt. Sein Verbreitungsgebiet umfasst West-, Mittel- und Südeuropa, den südlichen Teil Skandinaviens und reicht im Osten bis zur Krim und zum Kaukasus.

Der Gewöhnliche Efeu ist einer der besten Kletthersträucher, wie Lianen auch genannt werden. Und alte Efeupflanzen erreichen das erstaunliche Alter von über 400 Jahren. Er wächst bis in eine Höhe von über zwanzig Meter, was andere Lianen wie Waldrebe oder Wilder Wein nicht schaffen. Vielleicht liegt es an seiner besonderen Klettertechnik?

Klettern mit den Wurzeln

An jungen Trieben, die direkt an der Rinde eines Baumes oder an Felsen wachsen, zeigen sich zahlreiche wurzelähnliche Fortsätze – das sind die Haftwurzeln, mit denen sich der Strang am Untergrund festhält. Auf den stark gefurchten Eichenstämmen finden sie besonders guten Halt, sie wachsen in die kleinsten Ritzen hinein und verankern den Lianenstrang. So kann Efeu kerzengerade emporwachsen und braucht sich nicht um seine Stütze herumzuschlingen wie andere Kletterpflanzen. Manchmal sind die Triebe einer Efeupflanze dicht mit Haftwurzeln bepackt, sie bilden einen richtigen Pelz. Meist aber wachsen die Haftorgane an der Kontaktzone zwischen Efeu und Baum heran.

Diese Haftwurzeln sind Luftwurzeln, denn sie werden nicht im Boden gebildet. Sie dienen lediglich der Verankerung, solange sie nicht mit Humus in Berührung kommen. Sollte aber dies geschehen, wenn etwa ein Trieb losgerissen wird und auf dem Boden zu liegen kommt, dann wechselt die Wurzel ihre Aufgabe und wächst zu einer normalen Nährwurzel aus. Sie wird dann Wasser und Nährsalze aufnehmen, wie man das von Wurzeln gewohnt ist. Hier zeigt sich wieder einmal die Anpassungs- und Wandlungsfähigkeit vieler Pflanzen; im Falle von Efeu reagieren die Triebe auf die Beschaffenheit der Unterlage.

Eine Ausnahmeerscheinung

Es gibt keinen Zweifel, der Efeu ist anders. Eine Liane mit immergrünen Blättern und mit solch dicken Stämmen, das ist bei keiner anderen unserer Kletterpflanzen zu beobachten. Zudem ist der Efeu der einzige Wurzelkletterer in ganz Europa. Der Grund für seine Sonderstellung liegt wieder einmal in einer besonderen Familienangelegenheit, ähnlich wie beim Pfaffenhütchen. Die Verwandtschaftsverhältnisse sind beim Efeu ungewöhnlich, denn er gehört zu den Araliengewächsen, einer Pflanzenfamilie, die bei uns mit nur drei wild wachsenden Arten vertreten ist. Und dies, obwohl die Familie weltweit etwa 1.450 Arten umfasst, von denen die meisten aber in den Tropen heimisch sind.

Die beiden anderen Pflanzen aus den Araliengewächsen sehen dem Efeu nun ganz und gar nicht ähnlich. Es sind krautige Pflanzen, die am Rande von Mooren und Teichen, in Gräben und kleinen Gewässern wachsen. Der Gewöhnliche Wassernabel *(Hydrocotyle vulgaris)* ist bei uns einheimisch, der Große Wassernabel *(Hydrocotyle ranunculoides)* hingegen ein verwildertes Gewächs aus Nordamerika. Beide würde man nie mit dem Efeu in Verbindung bringen.

Zur Gattung *Hedera* gehören 17 Arten weltweit, drei Arten von ihnen hat es auf Inseln im Atlantik verschlagen, oder sie sind dort entstanden. So wächst auf den Azoren der Azoren-Efeu *(Hedera azorica)*, auf den Kanarischen Inseln der Kanaren-Efeu *(Hedera canariensis)*, und auf Madeira kann man den Madeira-Efeu *(Hedera maderensis)* bewundern. Ein biogeografisch interessantes Trio, jede der drei Arten lebt auf ihrer Insel und kommt natürlicherweise nur dort vor.

Lianen mit dicken Stämmen sind hauptsächlich eine tropische Erscheinung. In einem Regenwald auf Thailand konnte ich diverse Lianen sehen, die ein Gewirr von Strängen bildeten, sich von Baum zu Baum hangelten und ganz unterschiedlichen Arten angehörten. Ich kannte keine einzige der Arten, doch das Aussehen der verholzten Stränge unterschied sich stark und ist in jedem Fall eindrücklich. Möglich, dass unser Efeu ein Relikt aus einer längst vergangenen Epoche ist, als auch bei uns ein feuchtheißes Klima herrschte.

Zuckerdosen für Insekten

Efeu blüht spät im Jahr, von August bis in den Dezember hinein. Besonders auffallend oder anmutig erscheinen die Blüten nicht gerade. Keine prächtig gefärbten Blüten wie bei anderen Klettersträuchern, nicht einmal einen Duft kann ich wahrnehmen. Die Blüten des Efeus sind klein und grünlich, sie sind in einem kugeligen Blütenstand vereint. Mit einem Vergrößerungsglas erkenne ich fünf Kronblätter, die weit zurückgeschlagen sind. Und zwar so weit, dass sich ihre Zipfel unterhalb der Blüte am Stiel treffen. Zwischen den Kronblättern befinden sich fünf Staubgefäße, die wie die ausgestreckten Tentakel einer Seeanemone abstehen und einen grünlichen Pollen freigeben. Der auffallendste Bestandteil der Blüte ist das halbkugelige Gebilde in der Mitte, das fast den gesamten Raum einnimmt und mit einer kurzen Spitze versehen ist. Es ist von gelbgrüner Farbe und seine Oberfläche glänzt. Das muss der Fruchtknoten mit der Narbe sein, der die Samenanlagen enthält.

Für viele Insekten ist blühender Efeu eine willkommene Nahrungsquelle, denn im Herbst gibt es kein großes Blütenangebot mehr. Vor allem Wespen sind ganz scharf auf den Nektar der Efeublüten. Ich habe mal einen blühenden Efeu gesehen, der von Dutzenden Wespen umschwärmt wurde – Efeu als echte Alternative zur Zwetschgentorte. Andere häufige Blütenbesucher sind Hummeln, Fliegen, Schwebfliegen und Honigbienen. Der Nektar fließt reichlich beim Efeu, und er enthält viel Zucker. Man sagt, dass man sogar auskristallisierten Zucker auf den Blüten vorfinden könne, doch das habe ich bisher nicht beobachten können. Vielleicht wird der Nektar ja so rasch aufgesogen, dass es gar nicht dazu kommt? Ich nehme also einen blühenden Efeuzweig mit nach Hause und stelle ihn für ein paar Stunden in eine Vase. Da können keine Wespen herankommen. Und siehe da! Die gesamte Oberfläche des Fruchtknotens beginnt zu glänzen, sie ist über und über mit Flüssigkeit benetzt, so als wäre ein Regentropfen hängen geblieben.

Eine solch großzügige Menge an Nektar ist außergewöhnlich für unsere Wildpflanzen. Zudem ist er frei zugänglich und befindet sich nicht wie bei vielen anderen Blüten in einer Vertiefung oder an einer schwer zugänglichen Stelle, die ein langes Saugrohr und eine Kunstfertigkeit des Blütenbesuchers erfordert. Da wundert es nicht, dass er bei den Insekten so begehrt ist.

Auch der Blütenstaub ist für manche Insekten von Interesse, und eine Art unserer Wildbienen hängt gar von der Liane ab. Die Efeu-Seidenbiene *(Colletes hederae)* sammelt ausschließlich den Pollen des Efeus, eine andere Quelle akzeptiert sie nicht. So glaubte man jedenfalls lange, bis Entomologen beobachten konnten, dass die Seidenbiene doch auch andere Pflanzenarten nutzt. Allerdings nur, wenn kein blühender Efeu zur Verfügung steht.

Aus den Blüten entstehen blauschwarze, etwa erbsengroße Beeren, die gerne von Vögeln verspeist werden. Sie reifen aber erst im folgenden Frühjahr aus, daher bleiben sie während des ganzen Winters an den Zweigen.

Schadet Efeu den Bäumen und Mauern?

Die Meinungen gehen bei dieser Frage auseinander. Klar ist, dass Efeu dem Baum kein Wasser entzieht, er ist keine parasitische Pflanze. Die Haftwurzeln dringen nicht in das lebende Gewebe des Baumes ein und entziehen ihm nicht den Saft. Ein übermäßiger Bewuchs mit Efeu kann aber durch Lichtentzug das Wachstums eines Baumes beeinträchtigen, weswegen er in Parks oft abgeschnitten wird. In Laubwäldern gehört Efeu aber zur natürlichen Artenzusammensetzung und trägt zur Dynamik bei, selbst wenn Bäume beeinträchtigt werden. Konkurrenz zwischen Pflanzen ist allgegenwärtig, schließlich bedrängen sich auch die Bäume selbst gegenseitig.

Im Denkmalschutz wird Efeu dann zum Problem, wenn an den Mauern historischer Bauwerke und Kulturdenkmäler Schäden auftreten. In Italien hat eine Gruppe von Wissenschaftlern die Auswirkungen von Efeu an Resten römischer Bauwerke genau dokumentiert. Da können sich Steinbrocken im Gemäuer lösen, wenn sich die Stränge der Liane durch Ritzen zwängen. Umgekehrt schützt Efeu im kühlen Klima des Nordens die Mauern vor Frostschäden, und so gilt es im Einzelfall zu entscheiden, ob ein Eingreifen notwendig ist oder nicht. Eigentlich passt Efeu bestens zu römischen Mauern, denn die Liane spielte im Römischen Reich eine wichtige Rolle. Efeukränze zierten nicht nur die Häupter von Dichtern, sondern auch die Stätten des Weinausschankes. Als immergrüne Pflanze wurde Efeu im Christentum zum Zeichen der Unsterblichkeit und fehlt seitdem auf keinem Friedhof.

Als Zierpflanze kam Efeu erst im 18. Jh. richtig auf, als die Landschaftsparks in Mode kamen und auch Kirchen von Efeu umkleidet wurden. Pflanzenzüchter haben seither auch diverse Sorten entwickelt, die gelb- oder weiß panaschierte Blätter bilden oder sich in der Blattform unterscheiden.

Die bekannteste aller Schlingpflanzen

Gewöhnlicher Hopfen
(Humulus lupulus)

Für Mitte April ist es ein ungemütlicher Tag. Weniger als zehn Grad, der Himmel ein Flickenteppich von Hellgrau und Dunkelgrau, ab und zu leichte Schauer. Der Weg zu einem Naturschutzgebiet in der Nähe von Kartzow in Brandenburg verläuft entlang eines schmalen Kanals. Im flachen Gelände gibt es kaum ein Gefälle, und das Wasser steht so gut wie still. Aber hier scheint sich der Hopfen wohlzufühlen, denn ein dichtes Gewirr ineinander verschlungener Stränge umgibt die schmalen Baumstämme und hangelt sich von Strauch zu Strauch. Sie sind allesamt braun, dürr und brüchig. In ein paar Wochen werden die neuen Blätter sprießen, allerdings nicht an diesen letztjährigen Trieben, denn der Hopfen vollzieht jedes Jahr eine Rundumerneuerung, und dies von Grund auf. Aus dem Wurzelstock wachsen neue Triebe, über sechs Meter lang, die in Sträucher und auf Bäume klettern. Eine erstaunliche Wuchsleistung – sechs Meter innerhalb ein paar weniger Wochen. Hopfentriebe können Wachstumsraten von über zehn Zentimetern am Tag erreichen, und so kann man dem Hopfen beim Großwerden förmlich zusehen.

Hopfen lebt wegen seiner einjährigen Triebe wie eine Staude, die oberirdischen Triebe sterben im Herbst und Winter ab, neue wachsen im Frühjahr heran. Der Hopfen ist eine Kletterstaude und eine überaus spannende Pflanze, die in Auwäldern und an Waldrändern auf nährstoffreichen Böden mit genügend Feuchtigkeit vorkommt. Zeitweise überflutete Böden machen der Pflanze nichts aus. Der Gewöhnliche Hopfen bewohnt ein riesiges Verbreitungsgebiet der gemäßigten Zone, das außer Europa auch Nordafrika, weite Teile Asiens und das östliche Nordamerika umfasst.

Im Juli suche ich die Pflanzen nochmals auf. Nun sind die neuen Hopfenstängel alle gewachsen und tragen die Blätter mit der so unverkennbaren Gestalt. Meist sind sie in drei Lappen geteilt, der Blattrand ist stets stark gezähnt, und jeweils zwei Blätter stehen sich gegenüber. Wer über die Stängel streicht, spürt die feinen Haken, mit denen sich die Hopfenpflanze festhält. Sie ist aber eine echte Schlingpflanze, die emporwächst, indem die Stängel sich um die Stütze winden. Die Kletterhaken dienen nur der Verankerung.

Hopfen, Hanf und Zürgelbaum

Der wissenschaftliche Name des Hopfens könnte einem Kinderreim entspringen und erinnert unweigerlich an Hokuspokus. Manchmal geben wissenschaftliche Namen von Pflanzen und Tieren zum Schmunzeln Anlass, wie der Käfer aus Mexiko namens *Orizabus subaziro* – lesen Sie den Namen mal rückwärts! Oder das Burma-Schilf, ein tropisches Gras mit dem wissenschaftlichen Namen *Neyraudia reynaudiana.* Beim Hopfen aber liegt kein Wortspiel vor. Der lateinische Name *Humulus* geht auf das altdeutsche Wort »humel« für Hopfen zurück; *lupulus* ist die lateinische Verkleinerungsform von *lupus,* dem Wolf. Ich weiß aber nun wirklich nicht, was Hopfen mit einem Wölfchen zu tun haben soll. Der römische Gelehrte Plinius der Ältere soll damit den Hopfen bezeichnet haben.

Unser heimischer Hopfen ist eine von nur drei Arten weltweit. Die beiden anderen Hopfenarten sind in Asien zu Hause, und alle zählen sie zu den Hanfgewächsen. Da fällt natürlich sofort der Name Hanf *(Cannabis sativa)*, eine andere Gattung aus dieser Familie – übrigens die einzige Art der Gattung. Hanf ist eine ambivalente Pflanze. Einerseits ist sie eine der ältesten Nutzpflanzen der Welt, aus deren Fasern schon vor langer Zeit Seile und Textilien hergestellt wurden. Andererseits fand sie als Medizinalpflanze und Drogenpflanze Verwendung, aus der Marihuana gewonnen wird.

Die Familie der Hanfgewächse ist mit 117 Arten weltweit nicht sehr groß. Sie beinhaltet auch Bäume wie den Südlichen Zürgelbaum *(Celtis australis)*, der in Nordafrika und in Südeuropa vorkommt und in Gärten und Parks gepflanzt wird.

Auch Hopfen ist von alters her eine Nutzpflanze und seit dem Mittelalter eng mit dem Bierbrauen verbunden. Darauf möchte ich ein bisschen näher eingehen. Um die Rolle des Hopfens bei der Herstellung des flüssigen Lebensmittels zu verstehen, braucht es einen Blick auf seine Blüten und Früchte.

Die Hopfendolden

Hopfen blüht in den Monaten Juli und August und kennt wie die Weiden und andere Pflanzen eine klare Geschlechtertrennung: Die Blüten sind entweder rein männlich oder rein weiblich, besitzen also entweder nur Staubgefäße oder nur Fruchtknoten. Männliche Blüten entstehen in lockeren Büscheln, sie sind weißlich grün und etwa drei Millimeter breit. Die weiblichen Blüten verstecken sich zwischen den blattartigen Auswüchsen des Blütenstandes, der als eiförmiges, an Zapfen erinnerndes Gebilde auffällt. Zur Blütezeit sind diese als Hopfendolden bezeichneten Blütenstände hellgrün, zur Fruchtreife werden die blattartigen Schuppen noch größer, vertrocknen und lösen sich zusammen mit den kleinen Samen, um vom Wind fortgetragen zu werden.

Es lohnt sich, eine Lupe zur Hand zu nehmen, einen weiblichen Blütenstand auseinanderzudrücken und einen Blick auf die hellgrünen Blättchen zu werfen. Dann erkennt man, dass die Oberfläche von gelben, kurz gestielten Drüsen übersät ist. Man könnte den Belag leicht mit Blütenstaub verwechseln, doch diese Drüsen geben eine harzige Substanz ab, die Bitterstoffe enthält. Die gelben Harzkügelchen liefern das Hopfenmehl oder die Bierwürze, das wichtigste Produkt der Pflanze. Wenn heutzutage Hopfen angebaut wird, dann nur, um diesen Belag der weiblichen Blütenstände zu gewinnen. Daher stehen in den Hopfengärten auch nur weibliche Pflanzen, und es werden gezüchtete Kultursorten angebaut. Nun ist es gar nicht so einfach, eine Schlingpflanze großflächig zu kultivieren. Gerste und Obstbäume stehen von alleine, Hopfen braucht ein Gerüst. Und eines, das beträchtlich höher ist als die Drähte, an denen der Wein reift. In einem Hopfenfeld stehen daher mehrere Meter hohe Stangen in langen Reihen, durch Draht verbunden, dazwischen befinden sich schmale Wege. Die Hopfenpflanzen winden sich an den Stangen zum Licht und bringen die so begehrten Blütenstände hervor. Ende August bis Mitte September werden sie durch eigens für den Hopfenanbau entwickelte Pflückmaschinen geerntet.

Deutschland ist Hopfenland, und eines der weltweit wichtigsten Anbaugebiete liegt in Bayern. Die Hallertau, eine Kulturlandschaft in der Mitte des Freistaates, produzierte im Jahr 2016 rund 86 Prozent des deutschen und rund 34 Prozent des weltweiten Bedarfs an Hopfen. Der Hopfenanbau begann in der Hallertau bereits im 8. Jahrhundert. Heute bewirtschaften rund 880 Betriebe Hopfenfelder. Da nur die Hopfendolden verwertet werden, fallen bei der Ernte jährlich rund 230.000 Tonnen Rebenhäcksel an, der größtenteils als Dünger wieder auf die Felder gebracht wird. Weitere wichtige Anbaugebiete liegen an der Elbe und Saale, am Bodensee und in Mittelfranken. In der Hallertau widmet sich gar eine Forschungseinrichtung ausschließlich dem Hopfen, das »Hopfenforschungszentrum Hüll«. Hier beschäftigen sich Hopfenzüchter mit neuen Sorten und Anbaumethoden und beraten die Hopfenbauern. Viele der heute angebauten Kultursorten wurden in Hüll entwickelt. »Wir forschen Hopfen, weil uns die Rohstoffsicherung der Brauwirtschaft und die Zukunft der Hopfenbaubetriebe in Deutschland am Herzen liegt«, lautet das Motto des Institutes, das 1926 gegründet wurde.

Hopfen ist nicht nur Bierwürze

Ursprünglich fanden die Bitterstoffe des Hopfens als Konservierungsmittel Verwendung, und diese Eigenschaft hatten bereits die Menschen des frühen Mittelalters herausgefunden. Mit Hopfen ließen sich Getränke vor dem Faulen bewahren, die antibakterielle Wirkung der Bitterstoffe trug zur Haltbarkeit bei. Diese Wirkung erwähnte bereits Hildegard von Bingen im Jahre 1153. Für die aufkommenden Bierbrauereien im Mittelalter war der Hopfenzusatz ein Segen, denn das Bier ließ sich so länger lagern. Der würzige bis bittere Beigeschmack trug eher noch zur Beliebtheit des Getränkes bei.

Offenbar wurde schon vor Jahrhunderten gepanscht, sodass sich die Obrigkeiten zum Handeln gezwungen sahen. Am 23. April 1516 verabschiedeten die bayerischen Herzöge Wilhelm IV. und Ludwig X. unter Anwesenheit des Adels und der Abgesandten der Städte und Märkte das weltweit erste Lebensmittelgesetz, das Bayerische Reinheitsgebot von 1516. Darin steht:

»Ganz besonders wollen wir, dass forthin allenthalben in unseren Städten und Märkten und auf dem Lande zu keinem Bier mehr Stücke als allein Gersten, Hopfen und Wasser verwendet und gebraucht werden sollen.«

In abgewandelter Form ist das Reinheitsgebot immer noch gültig; hinzugekommen ist die Hefe, die für die Gärung unabdingbar ist. Damit ist Hopfen der einzige erlaubte Zusatzstoff für die Herstellung reiner Biersorten. Die Vielfalt ergibt sich aus den verwendeten Hopfensorten, der Menge und Verarbeitung in der Brauerei und aus den verwendeten Malzsorten. Malzbier darf eigentlich auch Zuckerzusätze enthalten – nicht aber in Bayern und in Baden-Württemberg.

Wild wachsender Hopfen findet aber auch andere Verwendungen. Die jungen Sprosse sind als Gemüse essbar, und früher wie heute werden die Hopfendolden medizinisch als Beruhigungsmittel genutzt und sind Bestandteil von Schlaftee. Wer im Vorfrühling das verdorrte Gestrüpp an Sträuchern und Bäumen sieht und nicht weiß, dass dies Hopfen ist, würde nie die große Bedeutung dieser Pflanze erahnen.

Weiße Trichter am Schilf

Gewöhnliche Zaunwinde

(Calystegia sepium)

Das Ufer ist von einem breiten Schilfgürtel zugewachsen, und um manche Halme winden sich dünne Stängel, springen von einem Halm zum andern. Hier im feuchten Lebensraum des Schilfgürtels am See fühlt sich die Zaun-Winde wohl, denn sie braucht einen guten und nährstoffreichen Boden mit genügend Wasser. Die Blätter fallen durch ihre pfeilförmige Gestalt auf, sie sind wie die Stängel kahl, und ihre Fläche wird etwa fünf Zentimeter lang. Jedes Blatt trägt einen etwa ebenso langen Blattstiel. Es ist Juli und die Zaun-Winde blüht, an langen Stielen haben sich große weiße Trichter geöffnet. Die Blüten zählen mit einer Länge von etwa sieben Zentimetern zu den größten der heimischen Landpflanzen; an zweiter Stelle steht die Feuer-Lilie *(Lilium bulbiferum)* mit ihren orangefarbenen Blüten. Den Rekord aller heimischen Wildpflanzen aber hält eine Wasserpflanze, die Weiße Seerose *(Nymphaea alba)*. Ihre über zehn Zentimeter breiten Blüten liegen direkt dem Wasser auf.

Die Zaunwinde ist wie der Hopfen eine Kletterstaude, die Triebe sind also einjährig und gehen im Herbst ein. Sie erreichen etwa drei Meter Länge. Nomen est omen – die Zaunwinde klettert auch an Zäunen aller Art empor, wenn sie geduldet wird. Das »sepium« im wissenschaftlichen Namen stammt denn auch vom lateinischen Wort »saepes«, was Zaun bedeutet. »Calystegia« hingegen bezieht sich auf eine Besonderheit an den Blüten: Knapp unterhalb des Kelches hat es zwei kleine Vorblätter, die den Kelch umgeben.

An manchen Stellen der Nordseeküste wächst eine andere Art an Winden, die Strandwinde *(Calystegia soldanella)*. Ihr Lebensraum sind Dünen, und ihre Stängel kriechen auf dem Sand. Die Pflanze ist sehr selten geworden. Eine Schönheit mit den rosa Blüten, die nicht gar so groß werden wie bei der Zaun-Winde.

Winden gehören zur Familie der Windengewächse, die über die ganze Welt verbreitet ist und rund 1.800 Arten umfasst. Bei uns ist auch noch die Acker-Winde *(Convolvulus arvensis)* heimisch, deren Blüten aber kleiner sind. Und dann sind da noch die Arten an Seide, wie die Europäische Seide *(Cuscuta europaea)*. Das ist eine merkwürdige Pflanze, die als Parasit lebt und die Stängel ihrer Wirtspflanzen anzapft. Sie bildet keine Blätter, nur ein dichtes Geflecht aus dünnen und sich windenden Stängeln, die sich über die Wirtspflanzen legen. An Brennnesseln und Hopfen ist diese Pflanze häufig zu finden.

Blüten für einen Schwärmer

Am heutigen Tag ist es sonnig, und die Blüten sind alle geöffnet. Bei trübem Wetter oder bei Regen wären sie geschlossen, und es ist erstaunlich, dass der Rand einer so großen Blüte sich zusammenfalten kann. Ich blicke in einen der Trichter der Zaunwinde hinein und sehe in der Tiefe fünf grünliche Grübchen, in der Mitte ragen die Staubgefäße mit dem weißen Pollen und die

Griffel empor. Der Nektar befindet sich in den kleinen Grübchen, und so wird klar, dass längst nicht alle Insekten sich bei der Zaunwinde bedienen können. Die Pflanze ist wählerisch, was ihre Bestäuber anbelangt.

Vom Aufbau her entsprechen die Blüten der Winden den Trichterblumen. Bei der Zaunwinde sind es oft Schwebfliegen, die leicht in den Trichter hineingelangen und am Grunde nach Nektar suchen können oder den Pollen sammeln. Sie kommen dabei mit den Staubgefäßen und den Narben der Fruchtknoten in Berührung und wirken daher als Bestäuber. Der prominenteste Bestäuber aber ist ein Schmetterling, der Windenschwärmer (*Agrius convolvuli* oder *Herse colvolvuli*). Mit seinen graubraunen und dunkel gemusterten Flügeln bietet er nicht gerade einen spektakulären Anblick, seine bis zu zwölf Zentimeter langen Raupen dafür umso mehr. Tagsüber sitzt der Falter gut getarnt an Baumstämmen oder felsigen Stellen, erst in der Dämmerung und nachts macht er sich auf die Suche nach Blüten. Er ist viel zu groß, um in die Trichterblumen der Zaunwinde hinabzutauchen. Das braucht er auch nicht, denn mit seinem acht Zentimeter langen Rüssel holt er sich den Nektar im Schwirrflug aus den Blüten. Er besucht auch andere Pflanzen wie das Wald-Geißblatt *(Lonicera periclymenum)* oder das Echte Seifenkraut *(Saponaria officinalis)*, sie alle haben Blüten mit enger Kronröhre.

Der Windenschwärmer ist ein Wanderfalter, der aus Südeuropa zu uns fliegt. Im Mai und Juni tauchen die ersten Schmetterlinge auf und bilden in Mitteleuropa eine zweite Generation. Individuen dieser neuen Generation treten im Herbst den Rückweg an; wer bleibt, überlebt die kalte Jahreszeit nicht.

Langzeitschwimmer

Die Früchte der Zaunwinde sind trockene Kapseln, die längs aufreißen und etwa fünf Millimeter lange Samen freigeben. Sie weisen keine besonderen Einrichtungen für einen bestimmten Ausbreitungsmechanismus auf. Ihre Oberfläche hat weder Haken, um im Fell von Tieren hängen zu bleiben, noch sind sie auf Windausbreitung eingestellt. Sie fallen zu Boden und rollen ein wenig umher oder werden durch Regengüsse verschleppt. Damit lassen sich freilich keine großen Distanzen erreichen. Aber die Samen verfügen über eine erstaunliche Eigenschaft, die mit der Nähe des Wassers in den natürlichen Lebensräumen der Zaunwinde zu tun hat. Die Samen bleiben im Wasser an der Oberfläche, sie sind schwimmfähig und können in Bächen oder durch Wellenbewegung fortgetragen werden. Sollte ein Hochwasser auftreten, gelangen die Samen auch direkt ins Wasser. Was die Schwimmfähigkeit anbelangt, ist die Zaunwinde rekordverdächtig: Die Samen können unbeschadet über einen Zeitraum von dreißig Monaten und mehr auf dem Wasser verweilen – eine erstaunliche Ausdauer.

Die Zaunwinde vermehrt sich auch ungeschlechtlich, da sie lange Wurzelausläufer bildet. Reißen Stücke davon ab, etwa durch die Tätigkeit von Wühlmäusen, und werden sie an einen günstigen Ort gespült, schlagen sie Wurzeln und wachsen zu neuen Pflanzen heran. Selbst kleine Bruchstücke können noch austreiben. Zaunwinden gelten daher als sehr ausbreitungsfreudig und werden im Garten manchmal richtig lästig.

Links- oder rechtsherum?

Einen Aspekt der Schlingpflanzen habe ich noch gar nicht angesprochen. Pflanzen wie die Zaunwinde oder der Hopfen winden sich um ihre Stütze herum, im Gegensatz zum Efeu. Nun gibt es zwei Möglichkeiten dazu, wie bei einer Wendeltreppe. Entweder winden sich die Stängel im Uhrzeigersinn um eine Stange herum oder gegen den Uhrzeigersinn. Ja, bei den Schlingpflanzen gibt es Rechtshänderinnen und Linkshänderinnen bzw. Rechtswinderinnen und Linkswinderinnen. Die Zaunwinde ist eine Linkswinderin, ihre Stängel drehen sich gegen den Uhrzeigersinn um die Stütze herum. Damit gehört sie zur Mehrheit der Windepflanzen. Der Hopfen hingegen ist als Rechtswinder eine Ausnahme. So verhalten sich die Windepflanzen gerade anders als die Schnecken mit spiraligen Schneckenhäusern, bei denen die meisten Arten rechtswindend sind. Bei Schnecken und auch Schlingpflanzen ist die Richtung des Windens genetisch festgelegt und für jede Art spezifisch. Und wie überall gibt es Ausnahmen. Mit großem Glück findet man Schneckenkönige – Individuen einer Art mit entgegengesetzter Windung. Ich selbst habe aber noch nie eine falsch gewundene Schnecke gefunden und bin auch noch nie einem Zaunwindenkönig begegnet. Aber wie kommt das innige Umschlingen überhaupt zustande?

Die Mechanik des Windens

Keimt der Same einer Schlingpflanze, steht der neue Stängel erst einmal in der Luft. Er dreht sich aber langsam im Kreise, oder besser gesagt, die Spitze vollzieht einen Kreis. Damit sucht der Keimling eine Stütze, er greift um sich und versucht, in Tuchfühlung mit einem Gegenstand zu gelangen. Idealerweise ist dies ein Holzpfosten oder ein Baumstamm, und die Berührung mit dem festen Körper löst im Stängel der jungen Schlingpflanze etwas aus. Das Wachstum wird auf der Oberseite stärker als auf der Unterseite, die dem Stamm aufliegt. Dadurch krümmt sich der Stängel – in einem Zeitrafferfilm sieht das tatsächlich so aus, als würde eine Schlingpflanze ihren Baum oder Pfosten umarmen und sich dann daran emporwinden.

Die Kreisbewegungen und die Orientierung des Windens bei Schlingpflanzen faszinierten auch einen Biologen des 19. Jh., der eher mit Finkenvögeln und den Galapagosinseln in Verbindung gebracht wird. Charles Darwin (1809–1882) war aber auch Botaniker und beobachtete unter anderem akribisch genau das Wachstum von über hundert Arten an Schlingpflanzen in seinem Gewächshaus. Seine Studienobjekte erhielt er von Freunden und von botanischen Gärten, und sie stammten aus aller Herren Länder, von den Tropen bis zu den gemäßigten Zonen. Darwin fand heraus, dass die Kreisbewegung der Stängelspitzen verschiedener Schlingpflanzen ganz unterschiedlich ist. So benötigten die Gewöhnliche Zaunwinde und der Hopfen etwa zwei Stunden für einen Umlauf. Im Vergleich zu anderen Arten waren beide sehr rasch, die anderen brauchten mitunter mehr als zehn Stunden. So verhält sich jede Schlingpflanzenart anders und hat ihren eigenen Lebensrhythmus.

Außer Zweifel steht, dass die Gewöhnliche Zaunwinde ein Juwel unserer Flora ist.

Eine dehnbare Rebe

Gewöhnliche Waldrebe
(Clematis vitalba)

Im Naturschutzgebiet »Taubergießen« in der Nähe von Rust schlängeln sich etliche Altarme des Rheins durch einen Auenwald, einen Rest des einst so häufigen Waldtyps an Flüssen. Mächtige Silberweiden säumen die ruhigen Gewässer, die sich am besten auf einer Bootsfahrt erkunden lassen. An manchen Stellen blüht der Flutende Hahnenfuß *(Ranunculus fluitans)* mitten im Flussarm, Hunderte von weißen Blüten erheben sich knapp über dem klaren Wasser. In der näheren Umgebung wechseln sich Laubwälder mit Nasswiesen, Riedwiesen und Magerwiesen ab. An Waldrändern bilden Sträucher einen dichten Saum. Das Pfaffenhütchen wächst hier, der Haselstrauch, die Schlehe und weitere Arten. Das ganze Gebiet ist ein reichhaltiger Naturraum mit vielen Pflanzen- und Tierarten. Und so manches Gebüsch wird von hellbraunen und grünen Strängen überwuchert. Eine Liane macht sich hier breit, die Gewöhnliche Waldrebe. Ihre Erscheinungsform unterscheidet sich stark vom Efeu, der in den Wäldern hier ebenfalls allgegenwärtig ist.

Das Gewirr der Lianenstränge lässt nicht an ein Hahnenfußgewächs denken. Und doch stammt die Gewöhnliche Waldrebe aus derselben Familie wie der Flutende Hahnenfuß und Pflanzen wie Anemonen oder Akelei. Von den etwa 1.700 Arten an Hahnenfußgewächsen weltweit entfallen alleine auf die Gattung *Clematis* etwa 300 Arten, von denen besonders viele im gemäßigten Asien vorkommen. China alleine ist Heimat von 147 verschiedenen Arten. Ein paar wenige Arten wachsen in den Tropen.

In Deutschland zählen außer der Gewöhnlichen Waldrebe zwei weitere einheimische Arten zur Flora. In den Alpen öffnet die Alpenrebe *(Clematis alpina)* ihre blauen Blüten im Gebüsch und in Nadelwäldern. Sie ist von kleinerem Wuchs und erreicht höchstens zwei Meter Höhe. Die Aufrechte Waldrebe *(Clematis recta)* ist selten in Laubwäldern und an Waldrändern anzutreffen und wird einen Meter fünfzig hoch. Ihre Stängel stehen aufrecht wie bei Astern oder Sonnenblumen, die Pflanze klettert nicht und wächst als gewöhnliche Staude.

Klettern mit den Blättern

Die Gewöhnliche Waldrebe hält sich hingegen an anderen Pflanzen fest. Sie kennt aber keine Haftwurzeln wie der Efeu, daher legen sich ihre Stränge über Sträucher und hängen teils in der Luft. Sie braucht keine feste Unterlage, an der sie sich festkrallen kann. Die Waldrebe windet sich aber auch nicht wie eine Schlingpflanze, sondern klettert mit ihren Blättern – genauer, mit den Blattstielen. Die großen Blätter setzen sich aus drei bis fünf Teilblättchen zusammen, von denen jedes einen langen Stiel hat. Das ganze Blatt ist lang gestielt, und das ist für die Waldrebe wichtig. Der Stiel eines heranwachsenden Blattes reagiert nämlich nach Berührung eines Zweiges durch eine Umklammerung und verankert so die Liane im Gebüsch. Die Blattstiele erfüllen

dieselbe Funktion wie die Ranken einer Weinrebe. Jedes neue Blatt befestigt die heranwachsenden Triebe, und so arbeitet sich die Waldrebe nach oben.

Wie bei den meisten Pflanzen unserer Klimazone sind die Blätter nur den Sommer über grün und verdorren im Herbst – was passiert dann mit den Blattstielen, die als Verankerung dienen? Fällt die Waldrebe in sich zusammen, weil sie den Halt verliert? Hier zeigt sich wieder einmal die ausgeklügelte Natur. Die Blattstiele verholzen etwas und bleiben erhalten, oft auch die Mittelrippe des Blattes, selbst wenn sie braun und trocken geworden sind. Das wäre auch zu dumm, wenn sich im Herbst alle Klammern lösen würden.

Zugfest und elastisch

Nun bringt die Lebensweise der Gewöhnlichen Waldrebe es mit sich, dass sie starken Winden ausgesetzt sein kann. Im Gegensatz zum fest verankerten Efeu, der geradezu am Baum klebt, reißt der Wind unbarmherzig an der Waldrebe. Daher erstaunt nicht, dass die Stämme der Waldrebe ein zentrales Festigungsgewebe aufweisen, das die Zugfestigkeit stark erhöht. Die Waldrebe ist ziemlich reißfest, was noch durch eine gewisse Dehnbarkeit der Triebe erhöht wird. Das macht sie auch biegsam, eine wichtige Voraussetzung für ihren luftigen Aufenthaltsort. Besonders elastisch sind die rankenartigen Blattstiele, wie bereits der deutsche Apotheker und Botaniker Hermann Ziegenspeck (1891–1959) beobachtete:

»Nimmt man eine Ranke, mit jeder Hand an den Enden anfassend, und zieht man, so bemerkt man deutlich auch an abgestorbenen Stücken die gummiartige Ziehbarkeit, ohne dass die Ranke zerreißt.«

Das muss ich ausprobieren und nehme ein Blatt in die Hand, um die Dehnbarkeit erleben zu können. Tatsächlich lässt sich der Stiel etwas auseinanderziehen, reißt dann aber doch. Die Beschreibung von Ziegenspeck scheint mir doch etwas übertrieben. Außer Zweifel steht aber, dass die Waldrebe elastisch ist. Elastisch zu sein ist besser, als steif und brüchig zu sein. Wahrlich, die Waldrebe besitzt eine erstaunliche Biomechanik.

Die Liane klettert nicht so hoch wie Efeu. Die Stämme der Waldrebe erreichen meist eine Länge von fünf oder sechs Metern, gelegentlich klettert die Pflanze aber auch an Bäumen bis in eine Höhe von fünfzehn Metern. Ältere Stämme werden armdick, und was an ihnen auffällt, ist die faserige Borke. Man hat den Eindruck, ein Stamm der Waldrebe setzt sich aus dünneren Strängen zusammen, wie das Stahlseil einer Luftseilbahn, das aus vielen verflochtenen Drähten besteht. Es ist nur die äußere Schicht eines Waldrebenstammes, die aufbricht und in Längsfasern zerfällt. Der faserige Aufbau hat mit der besonderen Anatomie und der Biegsamkeit der Sprossachsen zu tun.

Große Wasserrohre

Die verholzten Stämme und auch die noch grünen Triebe zeigen eine weitere Besonderheit der Gewöhnlichen Waldrebe. Auf einem Querschnitt erkennt man mit bloßem Auge kreisrunde Löcher im äußeren Bereich. Das sind die Gefäße, hier werden Wasser und Nährsalze von den Wurzeln zu den Blättern und Blüten transportiert. Der Motor für diesen internen Wasserfluss entgegen der Schwerkraft ist ein beständiger Sog, der in den Blättern entsteht: An der Blattfläche verdunstet Wasser, und der Sog wirkt bis zu den Wurzeln, die das Wasser und die darin gelösten Salze aus dem Boden aufsaugen. Der Durchmesser der Wasserrohre ist bei der Waldrebe auffallend groß. Man kann sogar Luft hindurchblasen; ich hatte ein Stück eines etwa bleistiftdicken Triebes zwischen zwei Blattansatzstellen herausgeschnitten, in ein Glas Wasser gesteckt und Luft durchgedrückt. Das ist gar nicht so einfach, aber es funktioniert!

Für Lianen sind weite Gefäße nichts Außergewöhnliches, denn sie wachsen überaus rasch. Das müssen sie auch, um an das Licht im Kronendach eines Waldes zu gelangen, das sich etliche Meter über dem Boden befindet. Rasches Wachstum erfordert eine gut funktionierende Versorgung mit Wasser und Nährsalzen.

Ungewohnter Geruch und lange Schweife

Von Juni bis August erscheinen die weißen Blüten mit je vier Blütenblättern und zahlreichen Staubblättern. Sie stehen in Gruppen beisammen und verströmen einen fischartigen Geruch, weil sie Amine statt feine ätherische Öle als Duftstoff bereithalten. Einige Käfer und Fliegen fühlen sich davon angezogen und bewerkstelligen die Bestäubung der Blüten; auch Honigbienen suchen blühende Waldreben auf.

Zur Zeit der Fruchtreife bilden sich rotbraune Nüsschen, die auf den ehemaligen Blüten eng beisammenstehen. Ein jedes trägt einen etwa drei Zentimeter langen Schweif, der aus dem Griffel hervorgegangen ist. Diese silbrigen Fortsätze sind zudem lang behaart und tragen zur Windausbreitung der Samen bei – die Frucht der Waldrebe ist ein klassischer Federschweifflieger. Es braucht aber starke Windböen, um die Früchte loszureißen, und so bleiben die flauschigen Haarkugeln lange Zeit an der Pflanze. Und so mancher Singvogel greift zu den Früchten, um damit sein Nest auszukleiden.

Lianenvielfalt

Unsere einheimischen Arten an Lianen lassen sich an zwei Händen aufzählen. Neben dem Efeu und der Gewöhnlichen Waldrebe sind dies die Alpenrebe, das Echte Geißblatt *(Lonicera caprifolium)*, das Wald-Geißblatt *(Lonicera periclymenum)* mit intensiv duftenden Blüten und die seltene Wilde Weinrebe *(Vitis vinifera* sups. *sylvestris)*. Letztere wächst auch in Taubergießen und wird bis zu zehn Meter hoch. Sie ist nahe mit der kultivierten Weinrebe verwandt. Der Bittersüße Nachtschatten *(Solanum dulcamara)* wächst manchmal auch als Liane, meist aber als Strauch. Und dann ist da noch die oft verwilderte Gewöhnliche Jungfernrebe *(Parthenocissus inserta)*, auch Wilder Wein genannt. Sie und eine weitere Art werden gerne als Zierpflanzen und zur Fassadenbegrünung gepflanzt und fallen im Herbst durch die flammend roten Blätter auf. Die Heimat der Gewöhnlichen Jungfernrebe sind die Wälder des östlichen Nordamerika.

Alles in allem sind das eher wenige Arten an Lianen, die kaum ein halbes Prozent aller Wildpflanzenarten Deutschlands ausmachen. Mitteleuropa ist keine Hochburg für Lianen, da heißt es schon, in die tropischen Regenwälder zu gehen. In diesen artenreichsten Wäldern überhaupt begegnen einem Besucher Lianen auf Schritt und Tritt, Lianen mit runden Stämmen und solche mit bandförmigen Stämmen, auch »Affenleitern« genannt. Lianen verbinden die Bäume miteinander und schlängeln sich kreuz und quer durch die Baumwipfel. Hunderte verschiedener

Arten wachsen hier. Eine Erhebung im Nationalpark Yasuní in Ecuador ergab 500 Arten von Lianen. Die Wuchsform »Liane« hat sich wohl in den Regenwäldern herausgebildet, und zwar mehrfach unabhängig voneinander, weil wir Lianen in ganz unterschiedlichen Familien finden. Zudem entwickelten sie ganz unterschiedliche Klettermechanismen: Haftwurzeln, Blattstielranken, Lianen mit Haken an den Stämmen, zu Ranken umgebildete Blätter und Haftscheiben wie bei den Jungfernreben.

Unsere wenigen heimischen Lianen sind also etwas Besonderes, ein bescheidenes Abbild der großen Lianenvielfalt. Und jede Liane ist auf ihre Art und Weise einzigartig.

Dank

Bei meinen Recherchen zu diesem Buch half mir die Lektüre zahlreicher Bücher und Webseiten, weiter hinten sind viele von ihnen angeführt. Zusätzlich erhielt ich wertvolle Informationen von Expertinnen und Experten. Allen sei an dieser Stelle gedankt: H. Hacker, J. Heinze, M. Hurley, V. Kummer, T. Peschel, O. Ruppenstein, H. Schmaljohann, A. Steiner, R. Stricker, R. Trusch, M. Ulitzka. J. Heinze und V. Kummer lasen Teile des Manuskriptes und gaben wertvolle Hinweise. Lena Denu und Laura Kohlrausch sowie dem gesamten Team des oekom verlages danke ich für die gute Unterstützung während der Erstellung des Manuskriptes, Uta Ruge für das Lektorieren. Ein besonderer Dank geht an Rita Mühlbauer für ihre wunderbaren Bilder und die stets gute Zusammenarbeit.

Literatur

Arbeitsgruppe Schmetterlinge Deutschlands (2021): Die Schmetterlinge Deutschlands [http://www.lepidoptera.de; 23. 07. 2021].

Ascoli, D. et al. (2017): Inter-annual- and decadal changes in teleconnections drive continental-scale synchronization of tree reproduction, in: Nature Communications 8, 2205.

Atkinson, M. D.; Atkinson, E. (2002): Biological Flora of the British Isles. *Sambucus nigra* L., in: Journal of Ecology 90, S. 895–923.

Barth, F. G. (1982): Biologie einer Begegnung. Die Partnerschaft der Insekten und Blumen. Deutsche Verlags-Anstalt, Stuttgart.

Bartoli, F.; Romiti, F.; Caneva, G. (2017): Aggressiveness of *Hedera helix* L. growing on monuments: Evaluation in Roman archeological sites and guidelines for a general methodological approach, in: Plant Biosystems 151, S. 866–877.

Baumpflegeportal (2021): Mastjahre europäischer Baumarten [https://www.baumpflegeportal.de/aktuell/strategie-baeume-mastjahre; 23. 07. 2021].

Bayerische Landesanstalt für Landwirtschaft (2021): Kompostierung von Hopfenrebenhäcksel [https://www.lfl.bayern.de/ipz/hopfen/216156/index.php; 23. 07. 2021].

Bayerische Landesanstalt für Wald und Forstwirtschaft (2017): Beiträge zur Fichte. LWF Wissen 80, S. 4–148.

Beerling, D.; Perrins, J. M. (1993): Biological Flora of the British Isles. *Impatiens glandulifera* Royle (*Impatiens roylei* Walp.), in: Journal of Ecology 81, S. 367–382.

Bellmann, H. (2009): Der neue Kosmos Insektenführer. Franckh-Kosmos Verlags-GmbH, Stuttgart.

Bellmann, H. (2016): Der Kosmos Schmetterlingsführer. Schmetterlinge, Raupen und Nahrungspflanzen. Franckh-Kosmos Verlags-GmbH, Stuttgart.

Brändle, M.; Brandl, R. (2001): Species richness of insects and mites on trees: expanding Southwood, in: Journal of Animal Ecology 70, S. 491–504.

Butcher, R. W. (1954): *Colchicum autumnale* L., in: Journal of Ecology 42, S. 249–257.

Carlsson-Granér, U. et al. (1998): Floral sex ratios, disease and seed set in dioecious *Silene dioica,* in: Journal of Ecology 86, S. 79–91.

Chapuis, J. L. et al. (2000): Growth and reproduction of the endemic cruciferous species *Pringlea antiscorbutica* in Kerguelen Islands, in: Polar Biology 23, S. 196–204.

Crell, L. F. F. (1788): Chemische Annalen für die Freunde der Naturlehre, Arzneygelahrtheit, Haushaltungskunst und Manufakturen. Leipzig.

Darwin, C. (1884): The Different Forms of Flowers on Plants of the Same Species. John Murray, London.

Daumann, E. (1973): Über die vermeintliche Bedeutung der Zentralblüte(n) in der Dolde von *Daucus carota* L. für die Bestäubungsökologie und als Schutz vor Weidetieren, in: Preslia 45, S. 320–326.

Deng, X. et al. (2015): Impact of Striped-Squirel Nectar-Robbing Behaviour on Gender Fitness in *Alpinia roxburghii* Sweet (Zingiberaceae), in: PLoS ONE 10, e0144585.

Deutsche Wildtier Stiftung (2019): Haselmaus [https://www.deutschewildtierstiftung.de/wildtiere/haselmaus; 07. 07. 2021].

Doohan, D. J.; Monaco, T. J. (1992): The biology of Canadian weeds. 99. *Viola arvensis* Murr., in: Canadian Journal of Plant Sciences 72, S. 187–201.

Düll, R.; Kutzelnigg, H. (2016): Taschenlexikon der Pflanzen Deutschlands und angrenzender Länder. Quelle & Meyer, Wiebelsheim.

Düring, W. (2020): Tagfalter in Rheinland-Pfalz – der Segelfalter [https://www.bund-rlp.de/themen/tiere-pflanzen/schmetterlinge/artenportraets-der-tagfalter/; 23. 07. 2021].

Eichhorn, P. (2011): Von Ale bis Zwickel: Das ABC des Bieres. Grebennikov Verlag, Berlin.

Forstpraxis (2016): Stärkste Buchenmast in Thüringens Wäldern seit zehn Jahren [https://www.forstpraxis.de/staerkste-buchenmast-in-thueringens-waeldern-seit-zehn-jahren-681648; 23. 07. 2021].

Gesellschaft für Hopfenforschung e.V. (2021): Hopfenforschungszentrum Hüll [www.hopfenforschung.de; 23.07.2021].

Gilding, E.K. et al. (2020): Neurotoxic peptides from the venom of the giant Australian stinging tree, in: Science Advances 6, eabb8828.

Gimingham, C.H. (1960): Biological Flora of the British Isles. *Calluna vulgaris* (L.) Hull., in: Journal of Ecology 48, S.455–483.

Goulson, D. et al. (2009): Functional significance of the dark central floret of *Daucus carota* (Apiaceae) L.; is it an insect mimic? In: Plant Species Biology 24, S.77–82.

Green, B. et al. (2007): Isolation of betulin and rearrangement to allobetulin, in: Journal of Chemical Education 84, S.1985–1987.

Hansgirg, A. (1893): Ueber die biologische Bedeutung der blutrothen Farbe des Perigons einiger einheimischer Pflanzen, in: Botanisches Zentralblatt 14, S.262–263.

Harrison, C.; Kirkham, T. (2019): Besondere Bäume und ihre Kräfte. Prestel Verlag, München.

Hegi, G. (1908–1931): Illustrierte Flora von Mittel-Europa. J.F. Lehmanns Verlag, München.

Heinken, T. (2008): Die natürlichen Kiefernstandorte Deutschlands und ihre Gefährdung, in: Beiträge aus der Nordwestdeutschen Forstlichen Versuchsanstalt 2, S.19–41.

Helmisaari, H. (2010): NOBANIS – Invasive Alien Species Fact Sheet – *Impatiens glandulifera* [www.nobanis.org; 23.07.2021].

Heß, D. (1983): Die Blüte. Struktur, Funktion, Ökologie, Evolution. Ulmer Verlag, Stuttgart.

Historisches Lexikon Bayerns (2021): Reinheitsgebot, 1516 [https://www.historisches-lexikon-bayerns.de/Lexikon/Reinheitsgebot,_1516; 23.07.2021].

Hurley, M. (2000): Selective Stingers, in: Ecos 105, S.18–23.

Irwin, R.E. et al. (2010): Nectar Robbing: Ecological and Evolutionary Perspectives, in: Annual Review of Ecology, Evolution, and Systematics 41, S.271–292.

Iwamoto, M. et al. (2014): Stinging hairs on the Japanese nettle *Urtica thunbergiana* have a defensive function against mammalian but not insect herbivores, in: Ecological Research 29, S.455–462.

Karg, S.; Weber, E. (2019): Heilsam, kleidsam, wundersam. Pflanzen im Alltag der Steinzeitmenschen. WBG, Darmstadt.

Kasperek, G. (2004): Fluctuations in numbers of neophytes, especially *Impatiens glandulifera,* in permanent plots in a west German floodplain during 13 years, in: Neobiota 3, S. 27–37.

Kato, T. et al. (2017): Induced response to herbivory in stinging hair traits of Japanese nettle *(Urtica thunbergiana)* seedlings in two subpopulations with different browsing pressures by sika deer, in: Plant Species Biology 32, S. 340–347.

Kätzel, R. et al. (Hrsg.) (2007): Die Kiefer im nordostdeutschen Tiefland – Ökologie und Bewirtschaftung. Landesforstanstalt Eberswalde, Ministerium für ländliche Entwicklung, Umwelt und Verbraucherschutz des Landes Brandenburg.

Köstler, J. N.; Brückner, E.; Bibelriether, H. (1968): Die Wurzeln der Waldbäume. Verlag Paul Parey, Hamburg und Berlin.

Krausch, H. D. (2007): Kaiserkron und Päonien rot. Von der Entdeckung und Einführung unserer Gartenblumen. Deutscher Taschenbuch Verlag, München.

Landesforst Mecklenburg-Vorpommern (2021): Nationales Naturmonument Ivenacker Eichen [https://www.wald-mv.de/Forstaemter/Stavenhagen/Nationales-Naturmonument-Ivenacker-Eichen; 23. 07. 2021].

Lowitz, J. T. (1788): Ueber eine neue, fast benzoeartige, Substanz der Birken. Chemische Annalen für die Naturlehre, Arzneygelahrtheit, Haushaltungskunst und Manufakturen. Helmstädt, Leipzig, S. 312 – 316.

Martin, H. J. (2021): Wildbienen [www.wildbienen.de; 07. 07. 2021].

Mazza, P. P. A. et al. (2006): A new Palaeolithic discovery: tar-hafted stone tools in a European Mid-Pleistocene bone-bearing bed, in: Journal of Archaeological Science 33, S. 1310–1318.

Meier, S. (2021): Baum des Jahres – Dr. Silvius Wodarz Stiftung [www.baum-des-jahres.de; 23. 07. 2021].

Metcalfe, D. J. (2005): Biological Flora of the British Isles. *Hedera helix* L., in: Journal of Ecology 93, S. 632–648.

Mustafa, A.; Ensikat, H. J.; Weigend, M. (2018): Stinging hair morphology and wall biomineralization across five plant families: Conserved morphology versus divergent cell wall composition, in: American Journal of Botany 105, S. 1109–1122.

Nationalpark Kellerwald-Edersee (2021): Weltnaturerbe [https://www.nationalpark-kellerwald-edersee.de/de/weltnaturerbe; 23. 07. 2021].

Naturschutzfonds Brandenburg (2019): Imposante Krabbler. Deutschlandweit größtes Heldbock-Vorkommen entdeckt [https://www.naturschutzfonds.de/presse/2019/heldbock-vorkommen; 23. 07. 2021].

Ottich, I.; Dierschke, V. (2003): Exploitation of resources modulates stopover behaviour of passerine migrants, in: Journal of Ornithology 144, S. 307–316.

Polte, S.; Reinhold, K. (2013): The function of the wild carrot's dark central floret: attract, guide or deter? In: Plant Species Biology 28, S. 81–86.

Prentiss, A. N. (1889): On root propagation of Canada thistle. Agricultural Experiment Station, College of Agriculture, Cornell University. Cornell University Press, Ithaca, NY, USA.

Sallon, S. et al. (2008): Germination, Genetics, and Growth of an Ancient Date Seed, in: Science 320, S. 1464.

Schulze, E. D. et al. (2019): Springtime Bark-Splitting of *Acer pseudoplatanus* in Germany, in: Forests 10, 1106. doi:10.3390/f10121106.

Singer, D. (2002): Welcher Vogel ist das? Vögel Europas. Franckh-Kosmos Verlags-GmbH, Stuttgart.

Snow, B.; Snow, D. (1988): Birds and Berries. T & AD Poyser, Calton.

Sprengel, Christian Konrad (1793): Das entdeckte Geheimniss der Natur im Bau und in der Befruchtung der Blumen. Berlin.

Sturm, Julius (1850): Gedichte. Brockhaus, Leipzig.

Thomas, P. A.; El-Barghathi, M.; Polwart, A. (1992): Biological Flora of the British Isles. *Euonymus europaeus* L., in: Journal of Ecology 99, S. 345–365.

Tiley, G. E. D. (2010): Biological flora of the British Isles: *Cirsium arvense* (L.) Scop., in: Journal of Ecology 98, S. 938–983.

VBIO (2021): Seltener Nachtfalter entdeckt [https://www.vbio.de/aktuelles/seltener-nachtfalter-entdeckt; 23. 07. 2021].

VNP (2021) Verein Naturschutzpark Lüneburger Heide [https://www.verein-naturschutzpark.de; 23. 07. 2021].

Weltnaturerbe Buchenwälder (2021): Wir sind Europas Wildnis [https://www.weltnaturerbe-buchenwaelder.de; 23. 07. 2021].

Westmoreland, D.; Muntan, C. (1996): The Influence of Dark Central Florets on Insect Attraction and Fruit Production in Queen Anne's Lace *(Daucus carota* L.), in: American Midland Naturalist 135, S. 122–129.

Westrich, P. (2008): Flexibles Pollensammelverhalten der ansonsten streng oligolektischen Seidenbiene *Colletes hederae* Schmidt & Westrich (Hymenoptera: Apidae), in: Eucera – Beiträge zur Apidologie 2, S. 17–29.

Westrich, P. (2019): Die Wildbienen Deutschlands. Verlag Eugen Ulmer, Stuttgart.

Ziegenspeck, H. (1951): Die Leptonik erklärt den duktilen Bau der Lianen-Sprosse von *Clematis Vitalba* L., in: Protoplasma 40, S. 298–312.

Artenregister

TIERE

Autor und Illustratorin

© Studio Prokopy

Die Vermittlung ökologischer Zusammenhänge an ein breites Publikum ist die Herzensangelegenheit von EWALD WEBER. Der Biologe lehrt und forscht an der Universität Potsdam. Zuletzt von ihm bei oekom erschienen: »Die Pflanze, die gern Purzelbäume schlägt« (2018).

RITA MÜHLBAUER studierte an der Münchner Akademie der Bildenden Künste und lebt als Malerin und Illustratorin in München. Neben Buchveröffentlichungen und der Gestaltung von Bildkarten veranstaltet sie seit vielen Jahren auch Ausstellungen und Workshops zum Thema Natur.